3D
U0065593

Young MAKER

科學玩具自造王

20種培養創造力、思考力與設計力的超有趣玩具自製提案

金克杰 著

作者序

化樂趣為動力

金克杰

逛逛五花八門的材料行一直是我最大的樂趣，就像是在挖掘寶藏一樣，時時都有驚奇。每當發現新的材料零件時，腦海中便會思考著如何把他們做結合，進而動手做出獨一無二自己喜歡的玩具。

坊間的玩具比較無法融入個人的喜好，也缺乏自己製作時的成就感，因此希望這本書能導引各位讀者一同加入動手做的行列。書中採用漸進式教學，由淺入深，在動手做的過程中，慢慢的培養思考與創作的能力。舉例來說，碰到問題時該如何解決、缺少的零件又該如何取得、要怎麼樣才能讓作品更加完善，這些不光只是侷限在做玩具這部分，對以後在創意思考和學習方面，動手做的能力都扮演著非常重要的角色。

本書收錄的玩具大部分的材料都能從日常生活中輕易取得，只要花少許時間，就能做出好玩的玩具，不但可以提升思考及創作的能力，還能依據個人喜好改造出獨具特色的外型和功能。在做完新手篇和進擊篇之後，高階篇的玩具也請務必挑戰看看，雖然製作步驟比較多，但完成時的成就感相對的也會大幅提高喔！如果碰到比較複雜的操作部分，也可以請家長和老師協助，一同享受動手做的樂趣吧！

CONTENTS

PART 1 新手篇

PART 2　進擊篇

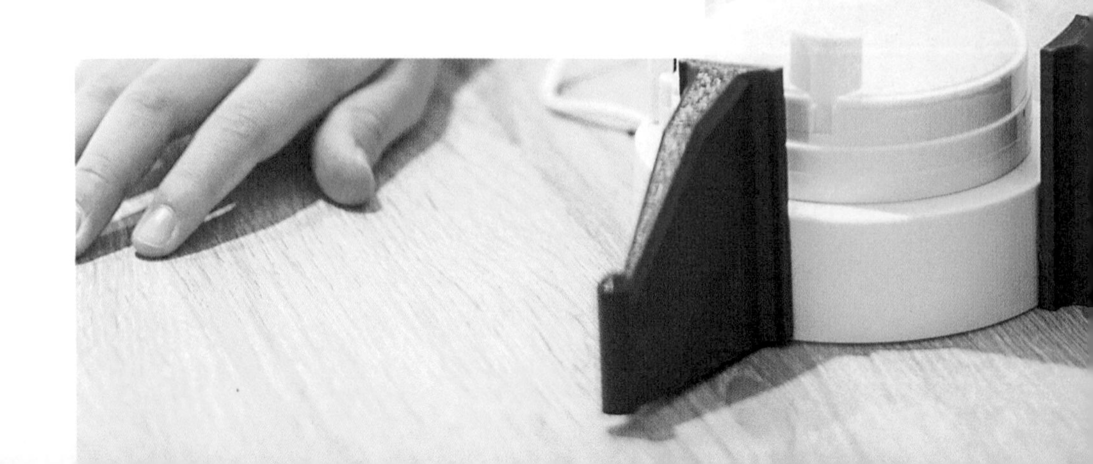

PART 3　高階篇

PART 4　《大人的科學》改造篇

培養小Maker，從「動手做」開始

文──賓靜蓀
《親子天下》58期專題報導

「動手做」在美國，早已被定調為教育與人才的關鍵內涵。直到近兩年，台灣教育現場才開始颳起這場動手做旋風，如今的全台中小學教育正吹起一股「Maker」動手做的風潮，從城市政策、教育方向、暑期營隊、到教師研習，關鍵字都是「Maker」。

什麼是Maker？
他們透過動手做學習並解決問題

他們主動學習，能清楚解釋作品的來龍去脈。像這樣喜歡動手做的孩子，被稱為「小Maker」（young maker），是目前美國教育最希望培養的未來人才。因為他們主動學習，能把自己的點子做出來，能清楚解釋作品的來龍去脈，科技是他們的玩具。他們不用考試成績定義自己，而用動手做的專題、模型，來展現解決問題的能力和自信。

美國人喜歡在自家車庫或廚房裡DIY，今天，他們利用網路、3D列印機、雷射切割機等新工具、新科技，變身為「Maker」（創客）。他們創新、發明、自己製造、雲端創業，不僅再度擦亮「美國製造」招牌，也創造新的工作。

創新、發明的基礎在「STEM」，也就是科學（Science）、科技（Technology）、工程（Engineering）及數學（Mathematics）等領域。根據

美國聯邦教育部統計，未來十年需求最多的工作機會都和STEM相關，但只有16%的美國高中畢業生精熟數學，並對STEM有興趣。

美國前總統歐巴馬（Barack Obama）在任內提出「教育創新」十年計畫，編列預算4億美元（約合新台幣120億元），培養、訓練十萬名STEM老師，提升美國學生的科學和數學的能力。他建議老師們取法Maker精神，透過動手做的實際任務，整合知識，讓科學更有趣實用。

歐巴馬政府甚至破天荒在2014年6月18日舉辦第一屆「白宮Maker市集」（White House Maker Faire），並明定這天為「全國手作日」（National Day of Making）。全美150所大學、125間公立圖書館，以及90位市長都宣示，將採取行動，支持動手做教育、成立社區Maker空間、市集，目標是讓美國成為「Maker大國」。

學習，重新被定義
動手做，讓學科知識連結真實世界

「想得出來，就做得出來」的Maker精神和主張，影響所及絕不僅僅是重視科學教育，也將重新定義對學習的看法。

21世紀需要創新、發明的人才。全世界的Maker和發明家都強調一件事：發明不會發生在理論的研讀中，而是發生在實際動手做的過程裡，利用各種科目的理論和內容，解決真實世界的問題，有意義的發明才會產生。

動手做必須成為教育內涵與過程中的關鍵元素，已經成為美國人的共識。但在台灣，「動手做」是一種被低估的學習活動和能力，只有成績不夠好、要走職校體系的孩子，才會接觸到動手做的學習經驗；像是各國中為學習成就低的孩子開設「技藝班」，或是「非主科」的美術、音樂等術科，才有機會跟「動手體驗」產生關聯。

然而，這世界變化得太迅速，沒有人能預測未來。全世界都在問同樣的問題：「中小學要教什麼？如何教？」動手做的學習，提供了新密碼。因為透過動手做，培養了21世紀最需要的四個能力：創新的能力、獨立自主思考的能力、主動的動機與解決問題的能力。而這些能力，也正好和Maker運動所強調的精神相符合。

為了讓更多孩子有機會把自己的點子動手做出來，現在Maker風也吹進台灣校園。在行政院「vMaker計畫」下，v代表虛擬（virtual）、冒險（venture）

和勝利（victory），由政府搭起平台，整合教育和Maker社群；6台國教署的3D列印行動貨櫃車，將在這兩年，陸續開進全台497所高中職。

無中生有的3D列印「魔法」，讓每一個「嘗鮮」的學生都睜大眼睛。「把玉米、澱粉、甘蔗合成的塑膠粉末放進去，它就會按圖一層一層列印出來，這種成品是可分解的，不會變成萬年垃圾……」、「國外已有技術，可以放細胞進去，列印出人體器官來……」台灣的中小學生，終於得以加入這場全球的「Maker運動」，重新定義學習。

這一批受到Maker精神感召、相信動手做強大力量的老師們，已經在自己的教室和學校推動Maker課程。例如，新北市板橋高中擁有全台灣第一個設立在公立學校的「Maker空間」，老師帶領學生從一開始接觸3D列印做鑰匙圈、公仔，到透過工作坊、選修課，帶領學生做更深刻、有助社會的設計。

不只在高中，台灣的小學生也積極投入動手做的Maker學習。像是台北市建安國小美術班，老師教小朋友利用吸管、回收材料和接環零件，做出一個「會動」的玩具，並鼓勵孩子多方經驗交流，因為「兩個腦袋就多一個想法」！

家長，學習放手
順應孩子「用手思考」的天性

也許你會問，動手做固然美好，但台灣還是得考試、比成績，美國的月亮圓，與我何干？

儘管，動手做不是唯一、也不一定是最好的學習方法，就連美國大部分的學校也還處於為標準化測驗教學的狀態。但家長應該要有個共識：「動手做」並非要取代教育的一切過程，講課、閱讀、研究仍然有其重要性，可是每個孩子與生俱來動手做的需求、用手思考的經驗也不應被剝奪，「大人必須要放棄一些原有的控制感」！

在未來，每個孩子勢必要有勇於面對改變、跨出舒適圈、動手去解決未知問題的能力。那麼身為父母，該如何支持家中的小Maker，讓他們的創造欲得以燃燒、學習更主動？

1. 滿足孩子拆解東西的好奇心。

探詢每位Maker、發明家的成長歷程，會發現他們幾乎都有個喜歡拆東西的童年和好奇心。鼓勵上幼兒園的女兒拆解小家電，再將內部零件分門別類、重新組合成自己的創作品。「練習使用螺絲起子等工具，不但訓練孩子的大小肌肉，也讓女孩不怕拿起工具，以會修理家電為榮，而且也學會將小零件分類整理，」柏克學校Maker坊老師珍妮．郝蘭德（Jenny Howland）表示。

廢物回收利用也是舊金山Maker運動中的一個創意表現，當今最夯的一個動手做活動，就是拆解舊的填充玩具，把裡面的電池取出來，再創造新玩具。一個會讓熊熊肚子叫的電池，裝上另外的裝飾，就會變成一隻小貓咪。不僅展現環保意識，更展現孩子的創意，同時也學會簡單電學。

2. 當孩子的「彈藥庫」，隨時補貨。

喜歡動手做的孩子，需要多樣豐富的媒材、物品或器材的刺激，實現隨時都會湧現的創作靈感。

有三個兒子的作家彭菊仙最常去的幾家店，就是文具用品行、五金行和量販材料店。她在《孩子有想法，我們就想辦法》一書中詳述，老二凱凱是手作達人，看完電影常突發奇想要做電影中的神槌、五連發彈力木槍、鋼鐵手套、五彩籌碼……她和先生每三週就去店裡報到，購買木材、金屬、鋸子等配備。

3. Hold住想幫忙、想教的衝動。

看到孩子無助、搞不懂的時候，很多父母會直覺、衝動的衝上前去幫忙。對此，舊金山探索館動手做計畫主持人麥克．沛翠克（Mike Patrich）提醒，動手做是個讓你慢下來試試看的過程，孩子需要卡住、碰到問題的經驗，「只有想辦法讓自己通過這個卡住的部分，真正的學習才發生。」他建議，父母不要太快介入，不要立刻幫忙，試著提一個建議、給他一把新鑰匙，讓孩子自己建立自己的理解架構。

4. 忍受沒有秩序的混亂。

有動手做經驗的人都知道，不論製作現場是家裡或教室，必然亂糟糟，而且不會太安靜。因為孩子在全心發想、製作時，一定不會把心思放在維持環境整潔之上。限制他不准把環境弄亂，無疑是綁手綁腳的束縛。彭菊仙建議父母：「我們要做的不是在過程中嫌他髒亂，而是在完成之後，教導、示範，要求孩子把環境還原，並且制訂家規做為懲處。」

5. 當孩子的頭號粉絲。

因為真心讚嘆、訝異孩子的努力和成果，彭菊仙只能像頭號粉絲一般讚賞、展示、收藏孩子的作品。同時，記者出身的她也像「狗仔隊」一樣，定期追蹤孩子的每個製作步驟、拍攝動作、材料和細部。讚美之外，也不斷提問題，幫助孩子改變思考方式，試探不同可能性，讓他從學習問「為什麼」和「怎麼做」中不斷進步。

6. 跟孩子一起動手做。

皮克斯動畫工作室檔案管理部總監湯尼・迪羅斯（Tony DeRose）全家人都是Maker，每年都在Maker市集擺攤展示全家的作品。他觀察，面對需要動手做的場合，小孩會一頭栽進去，大人卻常以為「我不會、我不喜歡做」，可是一旦也開始跟著做，竟然發現自己也成了Maker，更可以和孩子分享。「動手做，提供了一種新的親子連結，」迪羅斯笑著說。的確，幫助、陪伴孩子「動手」打造他自己的人生，應該是父母最大的滿足和快樂所在。

不慌不怕！5招支持小Makter

1. 不怕寶貝危險：引導使用剪刀、刨刀等工具。
2. 不怕寶貝弄髒：鼓勵孩子玩沙、玩土、玩泥巴、玩所有事後需要仔細清洗的遊戲。
3. 不怕寶貝搗亂：不需禁止寶貝翻箱倒櫃、搬上搬下。
4. 不怕寶貝製造麻煩：給他充分時間自己做生活上的大小事情，如吃飯喝湯、繫鞋帶等。
5. 不怕寶貝吵鬧：不用電視、手機當保母、玩伴。

跟著 Maker 一起來練功

大多數的孩子，要透過動手做才能學得更好，《科學玩具自造王》收羅對大小孩子最有吸引力的 20 件玩具，除了運用生活中常見的素材之外，還有使用電子零件和 3D 列印技術所製作的零件，並將製作難度區分三個等級：新手、進擊、高階，以及《大人的科學》改造篇。

剛入門的讀者可以先從新手篇開始，小試身手做出簡單好玩的玩具，熟練之後再來試試更具有挑戰性的進擊篇及高階篇。親師可以帶著孩子依循難度漸進的完成，不用擔心手的靈活程度，也不用害怕因操作工具不當而受傷。如果你已經是個大孩子了，可以直接選自己有興趣的玩具，隨意跳級不用理會難度劃分。

「Maker 想什麼」

這裡分享了我在製作玩具前的想法與構思，讓讀者清楚了解到：喔！原來只是這麼「想」，就可以「想」出一個新玩具，是不是有一天我也可以讓自己的想法化為現實呢？小小 Maker 就從主動思考先培養起喔！

「創意改造」

主要點出了這個玩具的最大亮點，或許讀者只要變換裝飾，就能改頭換面成另一個新玩具；或許只要再加點延展變化，就能讓玩具進階成高難度版本。這只是個觸類旁通的思考過程，希望能引發出孩子腦中的強大想像力，即使挑戰失敗也沒關係，代表你還在學習中，透過反思、修正、調整方向，總有成功的時刻。

每個孩子都有天生的 Maker 因子，家長只需提供材料和工具並從旁協助，讓孩子自己動手試試看，因為孩子需要被某個問題卡住、自己想辦法去突破的經驗，真實的學習才會發生。

「創造樂趣」

玩具該怎麼玩，相信沒有人比孩子更清楚了！這裡提供幾樣玩法，不管是獨樂樂或是眾樂樂，大家都有得玩，或許你還能因此發展出更多更好玩的遊戲喔！

「OR 親子一起動手做」

本書共有 6 個單元是 3D 列印玩具，以及 3 個單元需要用到紙模與設計圖，只要可以掃描書中的 QR Code，即可到網址 https://www.parenting.com.tw/article/5072609-/ 下載檔案使用。當然，你也可以將檔案下載之後，再按照希望的條件設定來修改內容，以符合自己想要的設計圖。現在，就跟著《科學玩具自造王》一起來練功！

搭配3D列印教學，玩具就是教具

玩具就是教具，教具當然也可以是玩具，根據歷年來我走訪上百所大學社團、高中與中小學的經驗，在每一場教學分享與實作中，我一直都抱持這個理念，在教課時運用有趣的實體範例，來引起學生興趣，進而有自發性的學習。我發現，只要玩具能與教學充分結合，對學生而言，就可以在上課時正大光明的玩玩具，想必也是充滿期待的一堂課。

本書收錄的玩具，是我集合多年來最受歡迎的實作教學內容而成，由淺入深，結合創意發想、手作、科學及 3D 列印，利用生活中隨手可得的材料，做為課程中的一環，再加上學生們的創意，做出各種獨特的玩具。其中，3D 列印技術更扮演著將想法實體化非常重要的推手。

學習使用 3D 建模軟體，再搭配 3D 列印機，就能快速將自己的創意具體的實現出來，這也是 3D 列印的最大魅力所在，而學生經過了整個創作過程之後，相信未來在學習方面，也會更加得心應手，因為他們能更清楚的看到學習成果。

在本書的每個章節中，都有詳細的創作由來及製作過程，老師及家長可以和孩子們一同將玩具製作出來，也可以讓他們自己挑戰獨力完成。在作品完成之後，可以參考「創意改造」的部分，讓作品有更多樣化的應用，附加更多的樂趣，當然也可以應用到生活之中，最後再搭配「創造樂趣」的提案，親師們可以舉辦各種活動或是小比賽，讓學生互相激盪自己的創意，大家一同享受這堂特別又有趣的課程。

3D列印技術超Easy

本書有 6 個玩具單元是使用 3D 列印機列印出來的零件，首先介紹什麼是 3D 列印機，簡單的說，3D 列印就是利用堆疊的概念，將原料一層一層的堆疊起來，等待印製完成就能得到成品了。

而目前在教育領域比較普及的 3D 列印機，就是通稱 FDM（Fused Deposition Modeling）的熔融沉積成型技術列印機，列印原理非常簡單，就是將塑膠原料加熱融化擠出絲線，並將絲線堆疊成型，就像是生活中常用的熱熔膠槍一樣呢。而使用 3D 列印機的好處就是，只要會繪製 3D 模型，就能把想法透過 3D 列印快速的實體化，減少了許多手工製作的難度及時間，是不是很方便呢！

本書所使用的 3D 列印機

書中所示範的 3D 列印零件是使用震旦 F1 3D 列印機印製的，最大列印範圍是 168mm*168mm*168mm，列印原料為安全無毒的 PLA 塑料，並能列印最小層厚為 0.1mm 的物件。

讀者可以自行使用不同的 3D 列印機，印製本書中所使用到的 3D 列印零件，但可能因為機型的列印差異，需要對印製的成品進行後製處理。

照片提供：震旦集團

很多人在聽到 3D 列印時，會覺得這是個很高深複雜的技術，但實際上 3D 列印的過程非常簡單，就以本書的 3D 列印玩具為範例：

Step 1　下載或繪製 3D 模型：

本書章節所使用的 3D 模型（.stl 檔案格式）可以經由掃描 QR Code 來下載，如果想要製作自己的設計作品，可以使用 3D 繪圖軟體來設計 3D 模型。

Step 2　將 3D 模型導入切層軟體：

每台 3D 列印機都會有搭配的切層軟體，切層軟體的功用主要是調整 3D 模型的擺放位置、角度、大小等，並設定列印的精細度及填充密度，之後輸出成 3D 列印機能使用的檔案格式。

照片提供：震旦集團

Step 3　開始列印 3D 模型：

想要成功印出 3D 模型，請在列印前好好判斷 3D 模型的特徵，像是如何擺放會印得比較好看。如果有懸空部分，請務必添加支撐材，才不會造成列印失敗。此外，越大型的 3D 模型所需列印的時間也會隨之拉長，在列印前請檢查一下列印原料是否足夠，而且有些 3D 列印機可能需要膠水或膠帶來加強底面附著，3D 模型才不會在列印途中脫落，這些都是需要特別注意的地方。

Step 4　清除列印完畢後的支撐材：

列印完成的 3D 模型大多需要後製處理，如果有支撐材的部分，請使用工具小心移除，並用砂紙或銼刀將表面處理乾淨。如果是組裝件的話，一定要小心組合，以免施力不當造成模型損壞。如果需要上色的話，可以使用廣告顏料或壓克力顏料，或是用噴漆方式上色，就能做出完美的 3D 列印模型。

PART 1

新手篇

難易度 ★☆☆

迷你彈珠台

3D 震動感應迷你桌燈

炫光晴天娃娃

黏土露營燈

吸管黏土公仔

電流急急棒

橡皮筋迴力車

3D 飄浮裝置

金字塔立體投影裝置

迷你彈珠台

QR親子一起動手做，
在家就能開Maker Party！

哎呀，下雨天，期待已久的逛夜市看來泡湯了！
但弟弟仍吵著要去玩彈珠，
爸爸決定自製一個迷你彈珠台，
想怎麼玩都可以，而且風雨無阻喔！

Maker 想什麼……

記得小時候常常到夜市玩彈珠台，總覺得能將彈珠打到想要的位置，真是一件很厲害的事情，為求挑戰成功就花了好多時間在攤位上。可是，每次想玩彈珠都得去夜市玩好像有點麻煩，而且也要花不少錢，倒不如自己動手做一台專屬的彈珠台來玩。製作彈珠台可以有很多種材質選擇，從金屬製到木製材質都有，但這些材質對小朋友來說，不論取得或是製作都有很高的難度，因此我這次選用生活中隨手可得的冰棒棍做材料，讓大家可以輕鬆製作出從圖案到關卡配分，都能夠自由設計的 DIY 彈珠台喔！

難易度｜★☆☆　　**所需時間｜1.5 小時**

製作年段｜一年級以上　　**科學原理｜力學的原理與應用**

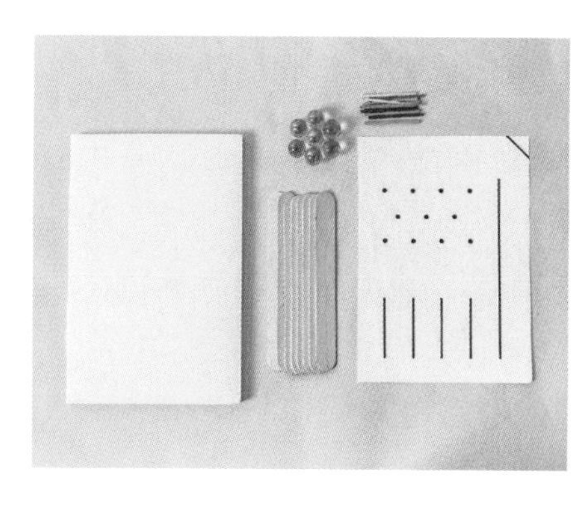

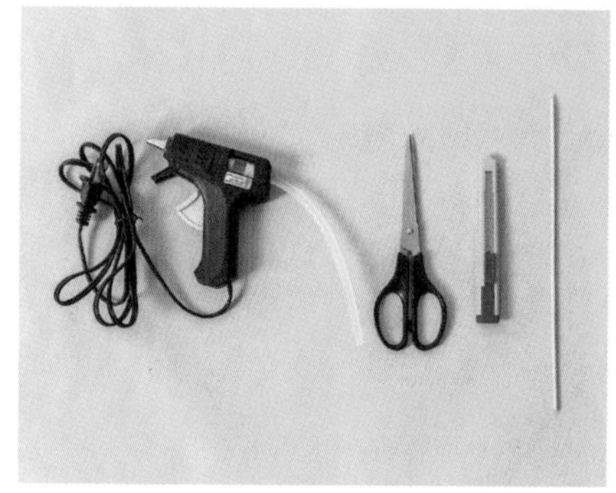

所需材料｜

A4 珍珠板　一塊
冰棒棍　10 支
彩色火柴棒　數根
彈珠　數顆
彈珠台設計圖（參見 QR Code）

所需工具｜

熱熔槍和熱熔膠條
（可用白膠或保麗龍膠取代）
剪刀
美工刀
竹籤

用美工刀將 A4 珍珠板對裁，變成一半大小（即 A5 尺寸）。

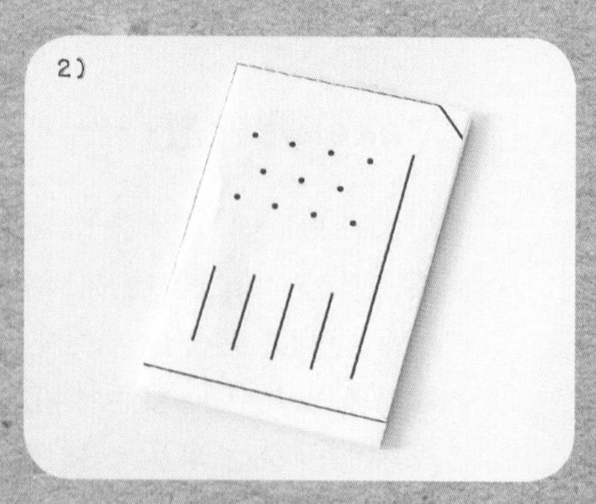

將彈珠台設計圖覆蓋在珍珠板上。或是直接在珍珠板上畫出喜愛的圖案。

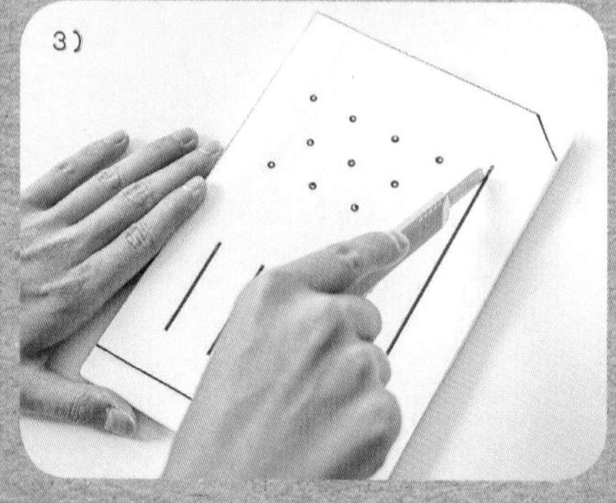

用美工刀將彈珠台設計圖的黑線部分切割。切割深度約珍珠板的厚度一半以上，如不慎割穿也沒關係。

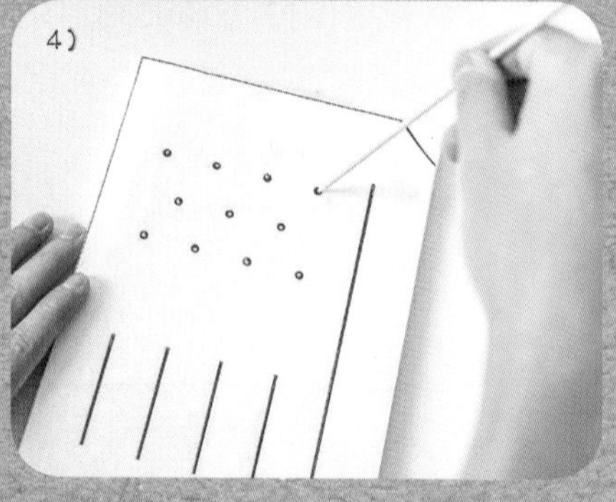

用竹籤在彈珠台設計圖上的圓孔戳洞。若是自行繪製設計圖，需留意圓孔間距可讓彈珠通過。

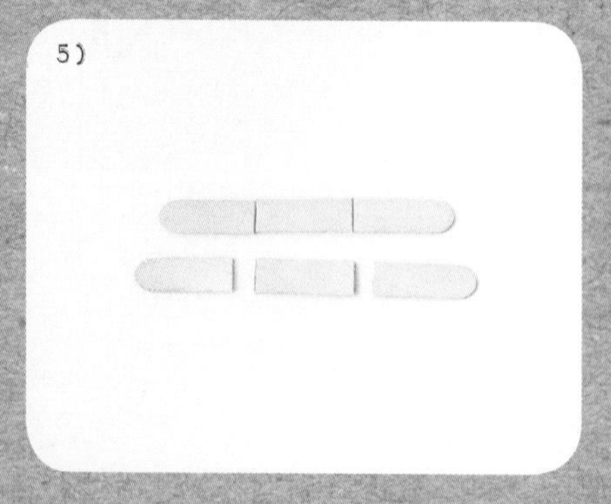

拿出 2 支冰棒棍，每支冰棒棍用剪刀各剪成 3 等份，共 6 段。

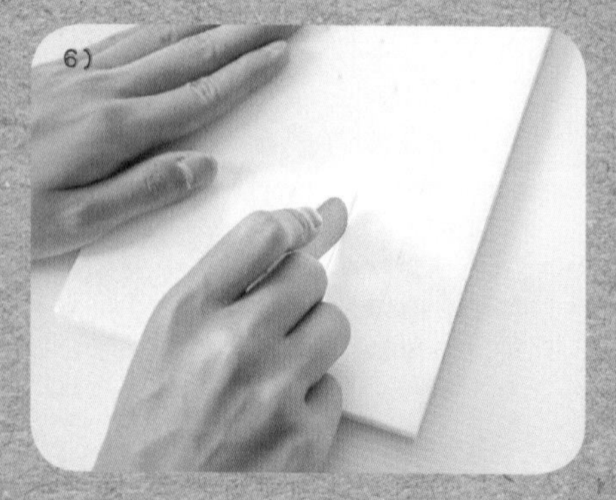

將珍珠板上的彈珠台設計圖取下，利用冰棒棍的圓頭部分，加深剛剛用美工刀割出的割線。

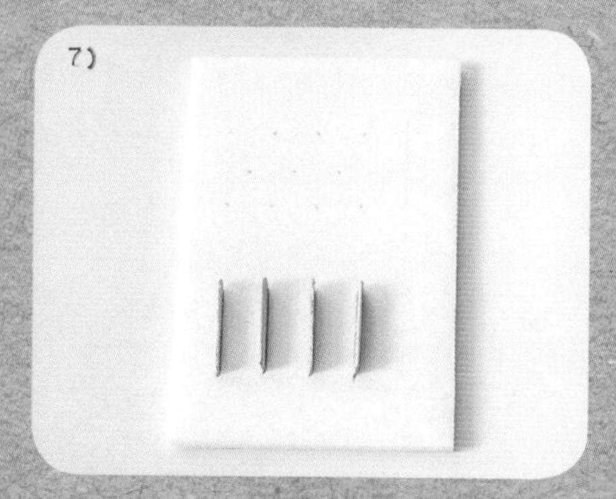

將步驟❺中已剪成 1/3 等份的冰棒棍，取出 4 段，圓頭朝上，插入割線中。

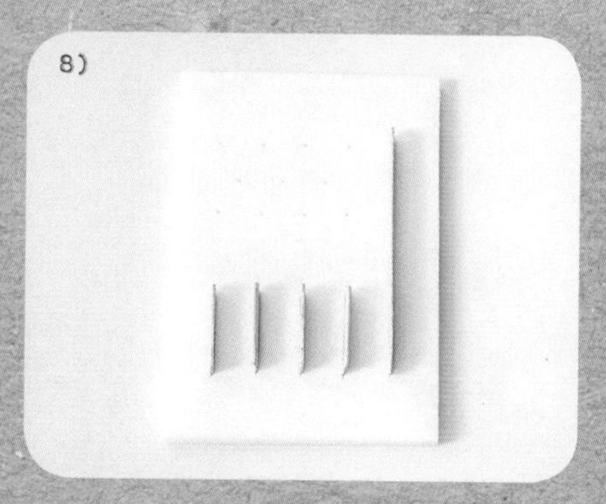

將 1 支完整長度的冰棒棍，插入最右邊的割線中。

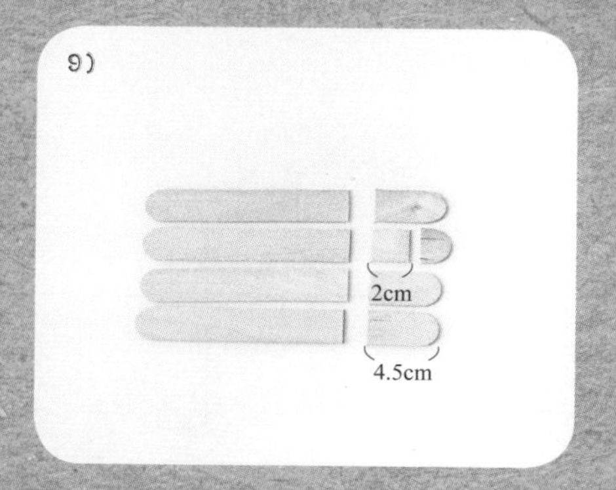

拿出 4 支冰棒棍，各剪去 4.5 公分。再將其中一段 4.5 公分的冰棒棍，剪成長度約 2 公分的冰棒棍。

將步驟❾中的 2 公分冰棒棍，插入珍珠板右上角的割線中，請小心不要讓邊角斷裂。

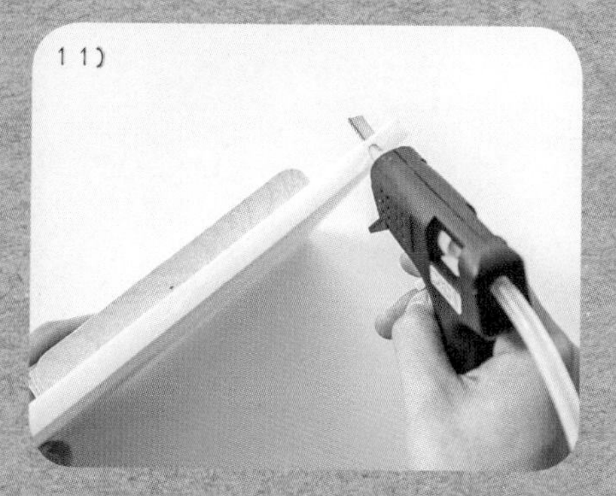

用熱熔膠槍在珍珠板的側邊上膠，準備黏木片。需特別注意的是，熱熔膠槍前端很燙，使用時請小心安全。

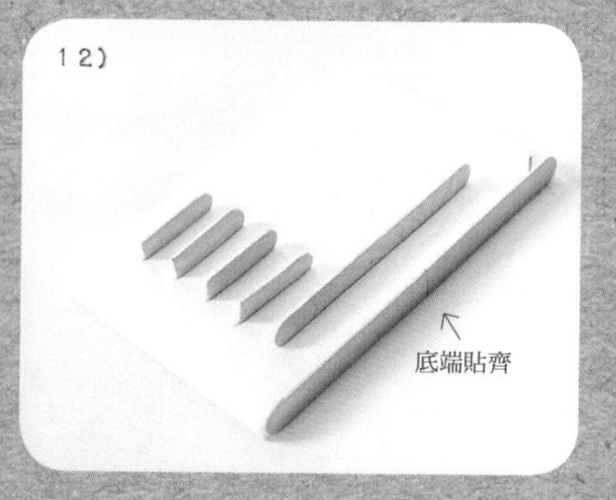

將步驟❾中已剪去 4.5 公分的冰棒棍，取出 2 根黏在側邊上，黏的時候需注意底部要貼齊桌面。

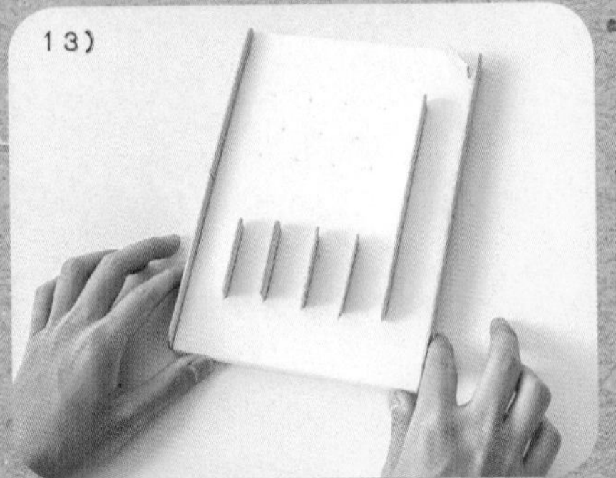

重複步驟 ⓫ 的動作，將珍珠板的另一側邊也黏貼完成。

最後剩下 2 支完整長度的冰棒棍，用熱熔膠槍分別黏貼在珍珠板的上邊和下邊，完成彈珠台的邊框。

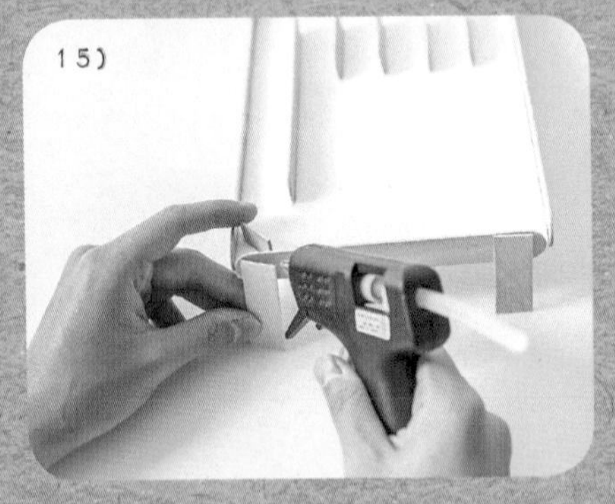

將步驟 ❺ 中剩下的 2 段 1/3 等份冰棒棍，用熱熔膠槍黏在彈珠台上邊的左右側，當作彈珠台的支架。

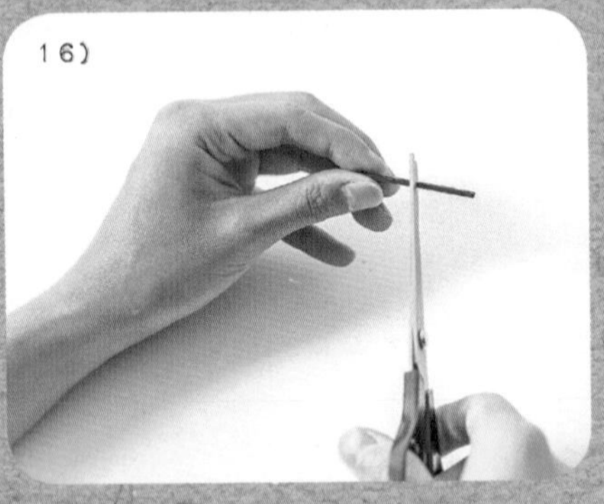

用剪刀將彩色火柴棒從中間斜剪。

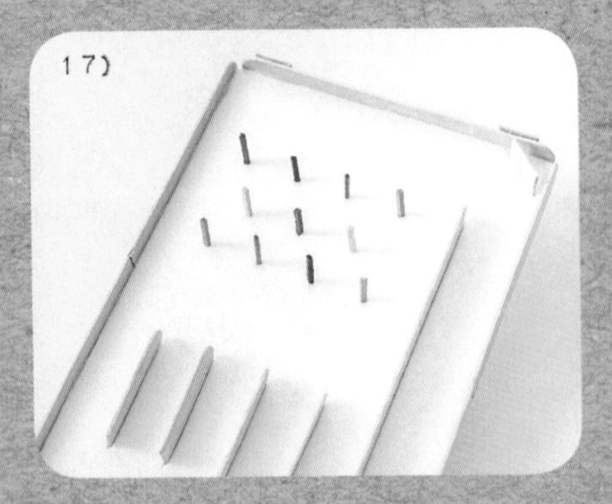

火柴棒的斜角朝下，插入彈珠台圓孔中。

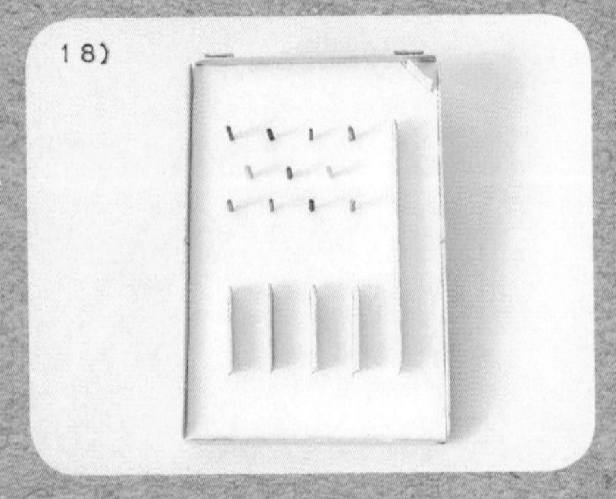

大功告成！放上彈珠開始玩嘍！

請盡量由家長協助使用熱熔膠槍，如有安全上的顧慮，可使用白膠或保麗龍膠代替，只是需等待較長的時間才能黏牢固定。

創意改造

彈珠台從結構來說，是利用發射裝置將彈珠擊出，然後根據彈珠落點來計算分數的一種玩具。彈珠台中間的小支柱，扮演著非常重要的角色，當彈珠打到小支柱時，彈珠會依據擊出的力道及角度，改變彈珠的落下方向。

如果沒有這些支柱的話，彈珠落下的方向就會變得很單調，這樣就沒有玩彈珠台的樂趣了。相對的，如果支柱數量越多的話，彈珠落下的方向就會有更多種，而且支柱之間的距離，也會改變彈珠掉到指定區域的機率喔！

你可以試著改變支柱數量，讓彈珠台晉身成為挑戰版本，只要算好要安排的支柱數量及擺放位置，就能更容易打到想要的區域。或者也可以試著區分出比較難掉入的區域，並給予相對較高的分數，這樣玩起來會更加具有挑戰性喔！

創造樂趣

有了迷你彈珠台之後，就能隨時隨地打彈珠嘍！不妨來舉辦個人賽，挑戰自己如何在有限的彈珠數量之內，可以擊出最高分，看看每個人的單場積分是多少，大家比出個高下來。

你也可以組隊進行團體賽，找親朋好友一起來規劃故事場景，試著在彈珠台的空白部分畫出各種關卡和故事人物，然後以彈珠攻略來玩故事接龍遊戲，同心協力進行一場小彈珠的大冒險！

TOY # 02

3D 震動感應迷你桌燈

今晚妹妹要去朋友家過夜，
參加她生平第一次的睡衣派對，
媽媽特地準備了魔幻小桌燈來當夜燈，
這樣就不用擔心怕黑而不敢睡嘍！

QR親子一起動手做，
在家就能開Maker Party！

Maker 想什麼……

在電影場景裡，常常會看到各種充滿異國風情、浪漫情調的桌燈，但那些其實根本就不會出現在自己家中，因為我的房間既沒有床頭櫃、床旁邊也沒有小桌子，所以只有每當要出差在外過夜時，才可以在飯店房間體驗到這些家裡稍嫌占空間的美麗桌燈。嗯，後來想了想，既然大的桌燈放不了，那我做一個小小的燈總行了吧！

難易度｜★☆☆
製作年段｜二年級以上
所需時間｜0.5 小時
科學原理｜電學的原理與應用

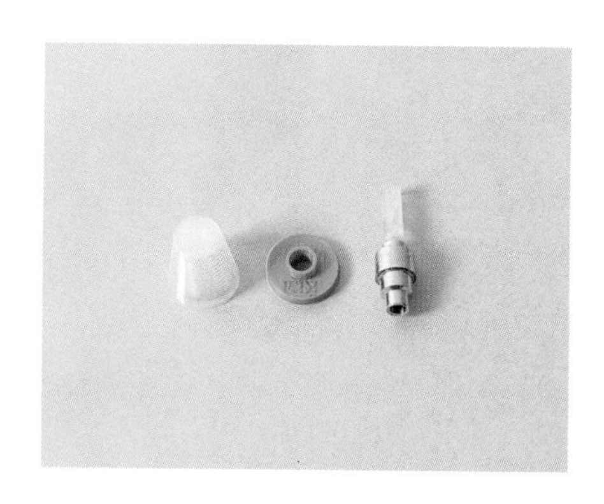

所需材料｜
3D 列印燈罩 1 個
3D 列印底座 1 個
氣嘴燈 1 個

所需工具｜
無

1)

將氣嘴燈前端的柱狀燈罩，轉開取下。

接續轉開氣嘴燈底部。轉開底部時，要直立朝上，避免裡面的電池掉落。

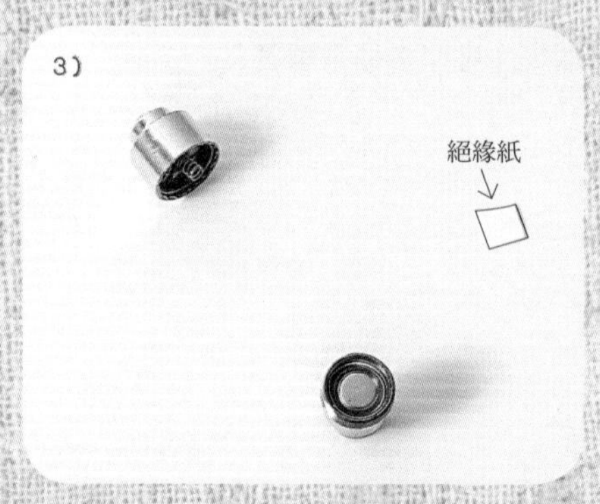

取出電池與燈泡中間的絕緣紙。

然後再把氣嘴燈的底部組裝好。

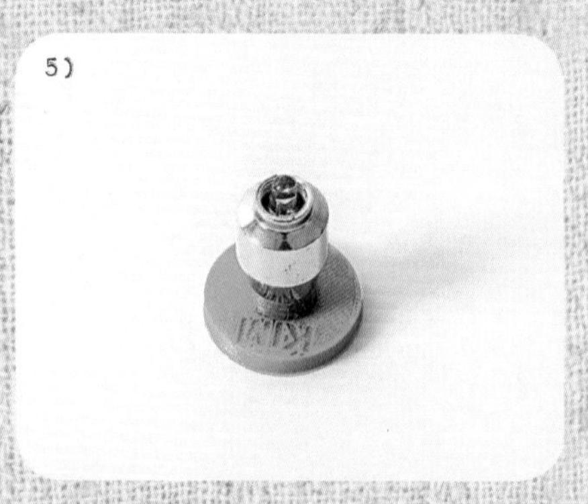

將氣嘴燈底部卡入 3D 檯燈底座。

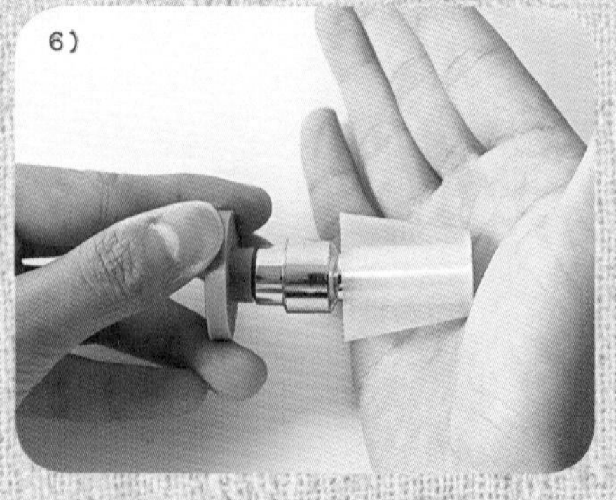

將 3D 燈罩卡入已經組好的燈座，即大功告成！

只要用手指輕輕拍一下燈罩，小桌燈就會開始閃光。

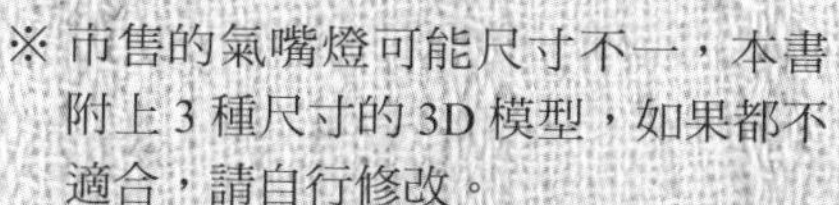

※ 市售的氣嘴燈可能尺寸不一，本書附上 3 種尺寸的 3D 模型，如果都不適合，請自行修改。

因為燈罩很脆弱，只有薄薄一層很容易裂開，建議組裝時使用掌心頂著燈罩頂部平坦的地方施力，千萬不要捏著燈罩兩側，不然會用力壓到燈罩而造成破裂。

創意改造

這款 3D 迷你桌燈的組裝非常簡單，但有一點必須注意，因為市售每一批的氣嘴燈尺寸可能會有些許落差，造成氣嘴燈太大卡不進去，這時可以使用砂紙把燈罩和底座的洞口磨鬆一些；若是太鬆的話，可以用美術黏土或熱熔膠固定。

迷你桌燈一碰就會發光的主要原因，在於使用了動態感應氣嘴燈，因此在黑夜裡發光效果非常醒目，甚至可以當作廣告燈來使用呢！想一想，當你將一盞又一盞的小燈組成一大串燈海時，是不是看起來特別壯觀呢？

創造樂趣

本篇示範的桌燈形式為最基本款，小朋友可以從隨書附的 3D 檔案，輕鬆掃描 QR Code，然後下載檔案進行造型上的修改，不論是在燈罩上做出鏤空圖案、讓燈罩變成其他的形狀，或是在底座雕上自己的名字等等，都可以設計出有自己風格的小桌燈喔！試試看，一個禮拜 7 天，每天都讓不一樣的小桌燈陪你睡覺吧！

你也可以舉辦一個「桌燈設計大賽」，每個人拿出自己的設計作品參賽，邀請老師和爸爸媽媽來當評審，看看誰有機會贏得第一屆燈王寶座喔！

TOY # 03

炫光晴天娃娃

明天就是期待好久的郊遊日，
爸爸媽媽說好要帶我去北投公園抓寶貝，
趕緊找出我的無敵炫光晴天娃娃，掛在門窗上。
拜託，明天可千萬不要下雨啊！

Maker 想什麼……

晴天娃娃的傳說由來已久，雖然不知道會有多靈驗，但只要每逢下雨天，尤其是連續淅瀝淅瀝下了好幾天的雨，更想看到久違的太陽，這時候我就會想起晴天娃娃。當然，它最好還要有顆像太陽一樣會發光的頭，這樣一來，保佑晴天指數一定高，因為下雨天出門真的是太麻煩啦！

難易度｜★☆☆
所需時間｜1 小時
製作年段｜二年級以上
科學原理｜電學的原理與應用

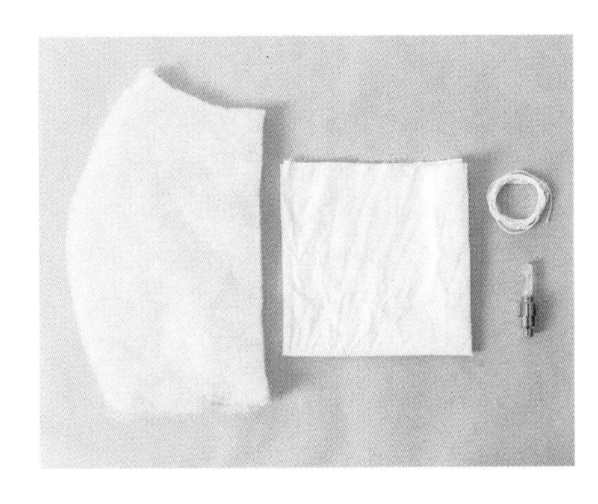

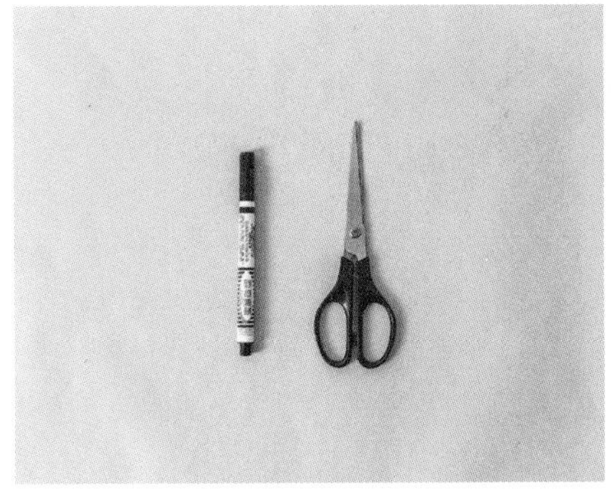

所需材料｜
棉花
白色布匹 1 塊
白色棉線 1 捲
氣嘴燈 1 個

所需工具｜
剪刀
黑色奇異筆

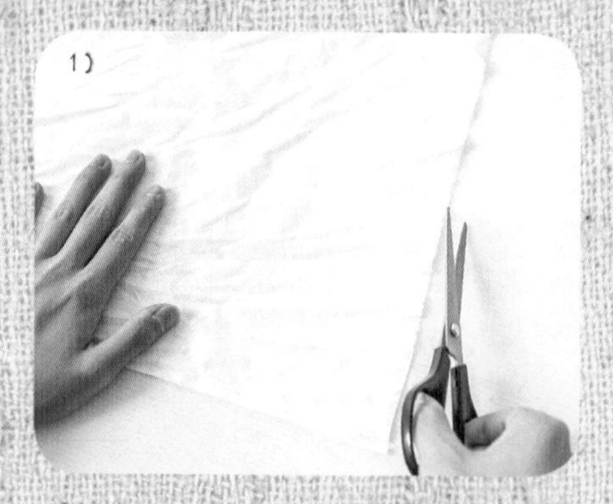

剪裁一塊約 40 x 40 公分的布。或者視希望的娃娃大小，來調整布的比例。

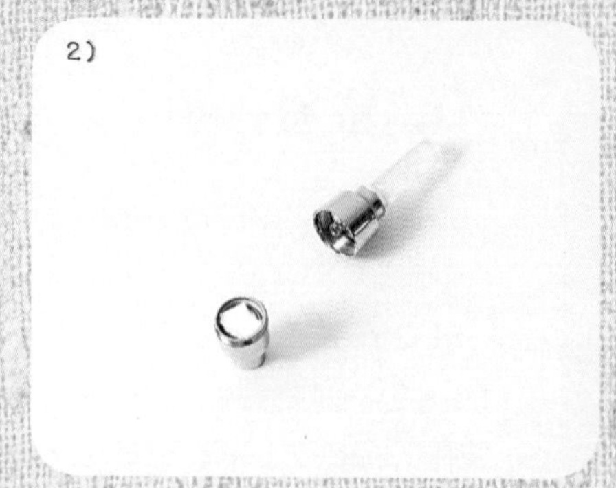

轉開氣嘴燈底部。

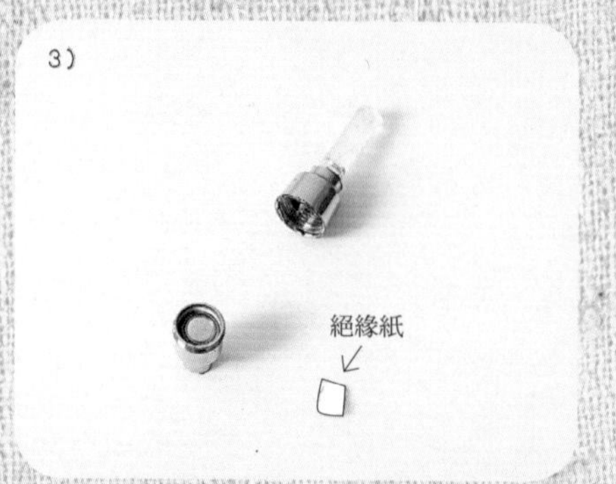

取出電池與燈泡中間的絕緣紙。轉開底部時，需留意裡面的電池不要掉出來。

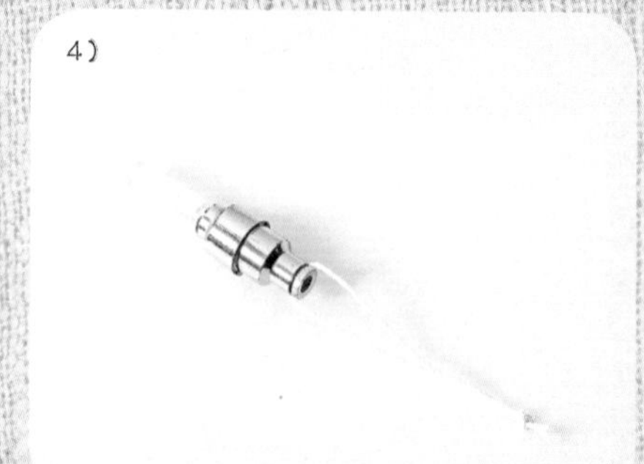

取一段棉線（長短不拘），將棉線卡在氣嘴燈尾端的螺帽縫裡，然後旋緊尾端螺絲，把棉線卡緊。

將氣嘴燈放在一團棉花內，並將棉花包成球型。

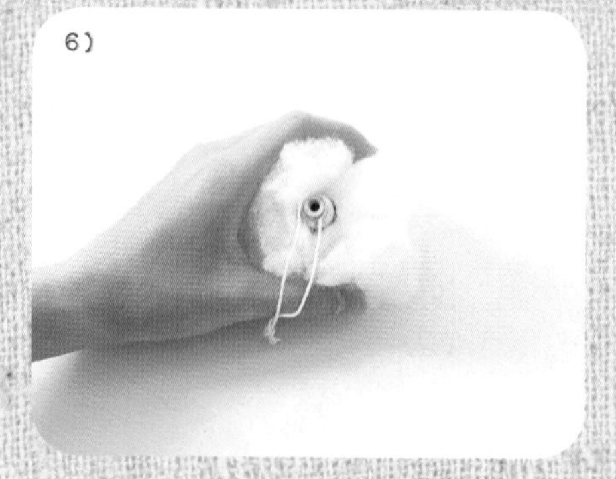

氣嘴燈的尾端要露出來，方便之後更換電池。

用白布包裹起棉花團，成為晴天娃娃的造型。

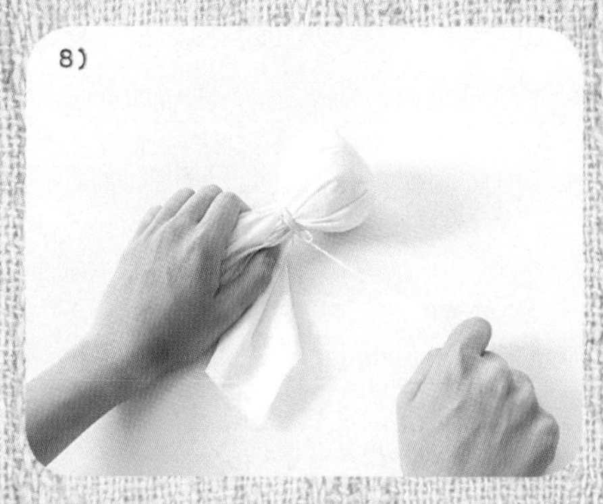

用棉線把脖子的地方綁起來。

確認一下內部的氣嘴燈是否有露出來，並試著旋開氣嘴燈，看看能不能順利換電池。

用奇異筆在頭部畫上眼睛和嘴巴。

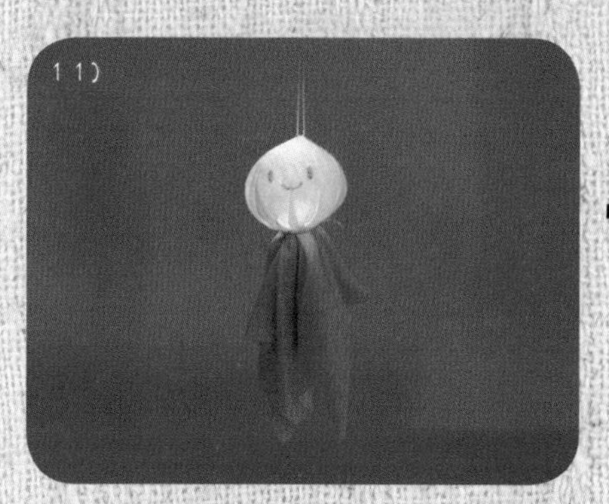

大功告成！只要稍有晃動，晴天娃娃就會閃閃發光。

創意改造

晴天娃娃頭部塞的氣嘴燈，使用的是震動開關。也就是說，當晃動到達它感應振動的範圍時，就會觸發開關使娃娃自己發光，因此如果是掛在窗戶上或門邊，有風吹的時候、開關門窗的時候，娃娃頭部就會發出五彩繽紛的光芒！

這麼有趣的震動發光體，還能運用來做什麼呢？如果能製作成身上的發光掛件，是不是會很炫呢？尤其是萬聖節派對時，當你穿著一身巫婆裝，再把這顆炫光球別在腰上，或是掛在巫婆掃把上，走路搖晃起來會閃閃發光，挺好玩的。

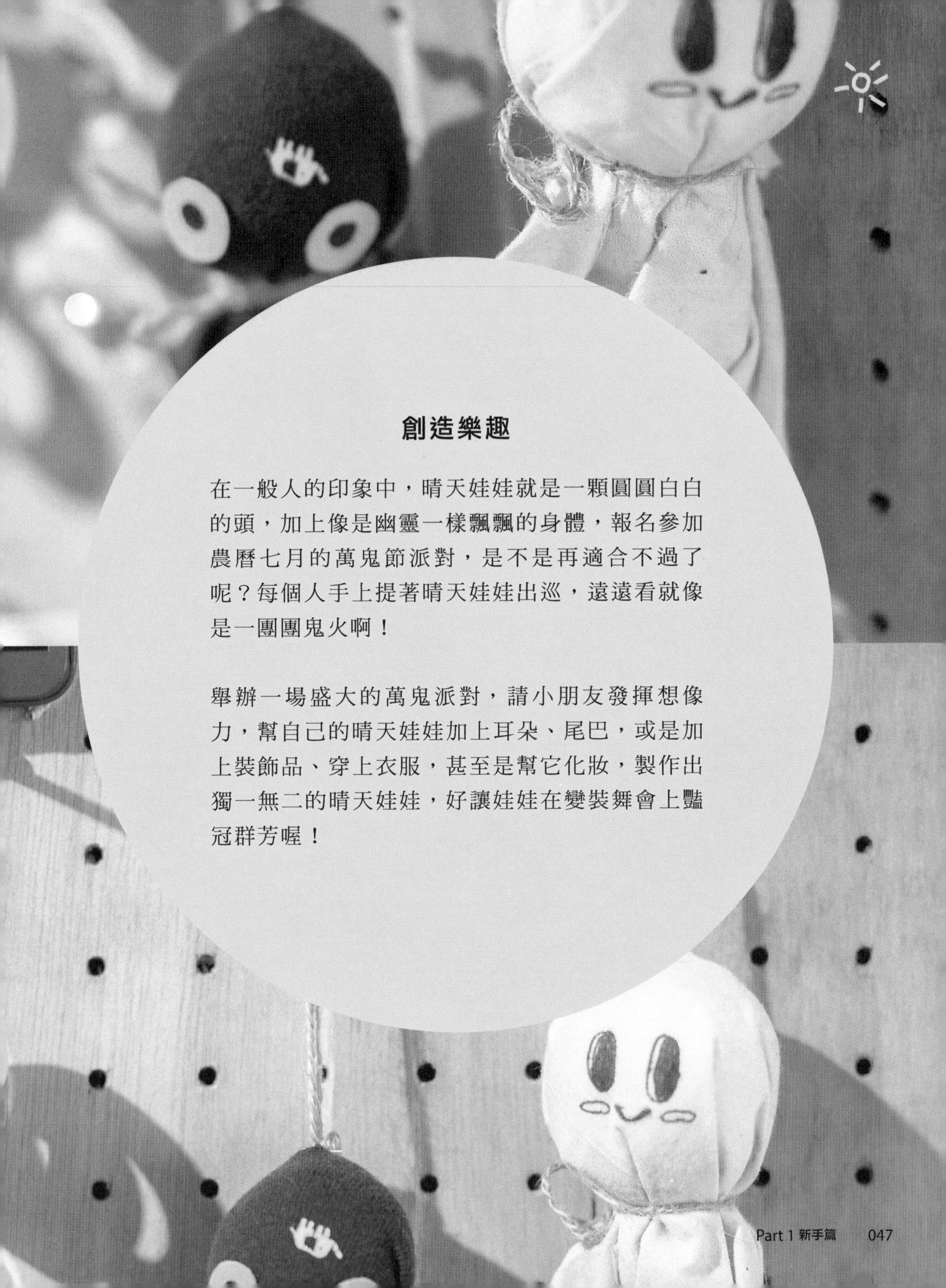

創造樂趣

在一般人的印象中，晴天娃娃就是一顆圓圓白白的頭，加上像是幽靈一樣飄飄的身體，報名參加農曆七月的萬鬼節派對，是不是再適合不過了呢？每個人手上提著晴天娃娃出巡，遠遠看就像是一團團鬼火啊！

舉辦一場盛大的萬鬼派對，請小朋友發揮想像力，幫自己的晴天娃娃加上耳朵、尾巴，或是加上裝飾品、穿上衣服，甚至是幫它化妝，製作出獨一無二的晴天娃娃，好讓娃娃在變裝舞會上豔冠群芳喔！

黏土露營燈

爸爸說放暑假要帶全家去戶外露營，
這一次，說好了要自己打包行李，
除了準備外出服、睡衣、盥洗包、零食和玩具，
當然，還不忘帶上自製的迷你露營燈！

Maker 想什麼……

說到夏天，就想到暑假；說到暑假，就想去露營！露營時的方便好夥伴，絕對少不了露營燈啦！但總覺得外面賣的露營燈太無聊了，不如自己動手做點可愛的裝飾，因此我想製作一款帶有個人標誌的露營燈帶出場，這樣一來還可以增加露營氣氛呢！

難 易 度｜★☆☆

製作年段｜三年級以上

所需時間｜ 1.5 小時

科學原理｜電學的原理與應用

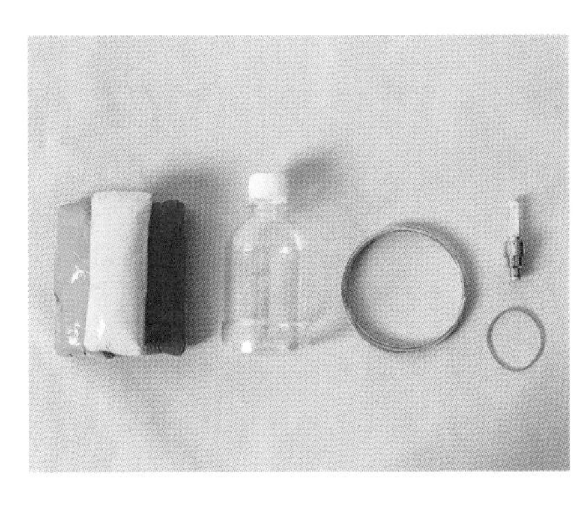

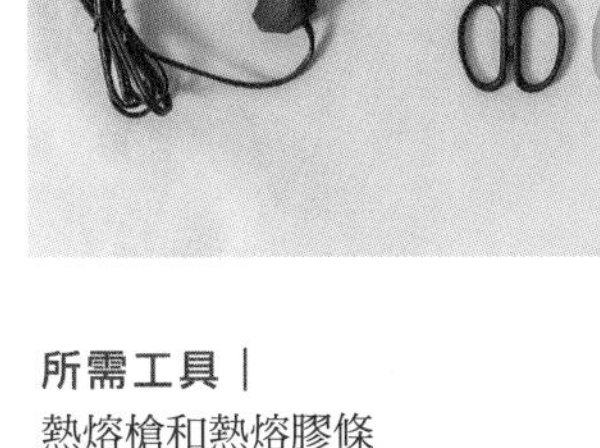

所需材料｜

各色輕黏土	
小型寶特瓶	1 個
直徑 2mm 鐵絲	1 捲
氣嘴燈	1 個
橡皮筋	1 條

所需工具｜

熱熔槍和熱熔膠條

剪刀

尖嘴鉗

美工刀

切開寶特瓶，保留高約 3 公分的底座，以及高約 12 公分連瓶蓋的頭部。選擇有明顯凹環的寶特瓶會較好裁切。

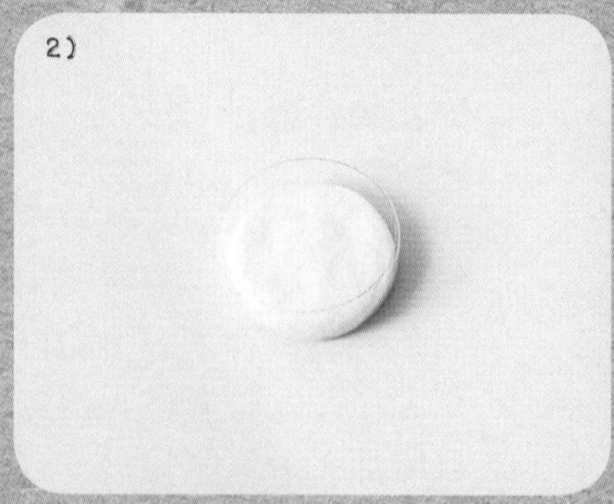

寶特瓶底座鋪上約 1 公分厚的黏土做為基底，完成後先放一旁晾乾。

開始發揮你的想像力，用輕黏土創造一個迷你小世界。

將完成好的黏土作品，安放在步驟❷完成的底座上。

轉開氣嘴燈底部。

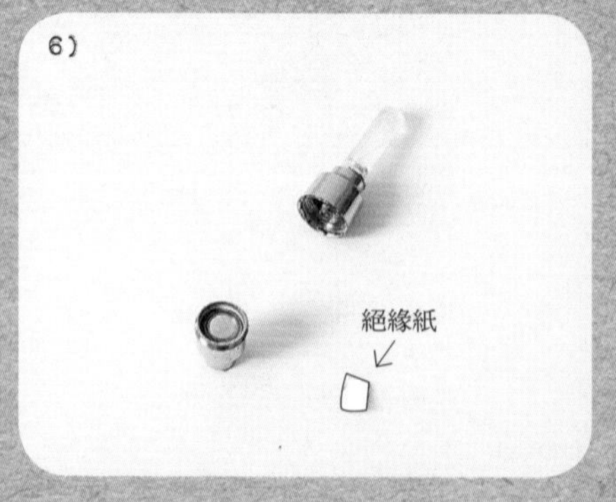

取出電池與燈泡中間的絕緣紙，再組裝回去。轉開底部時，需留意裡面的電池不要掉出來。

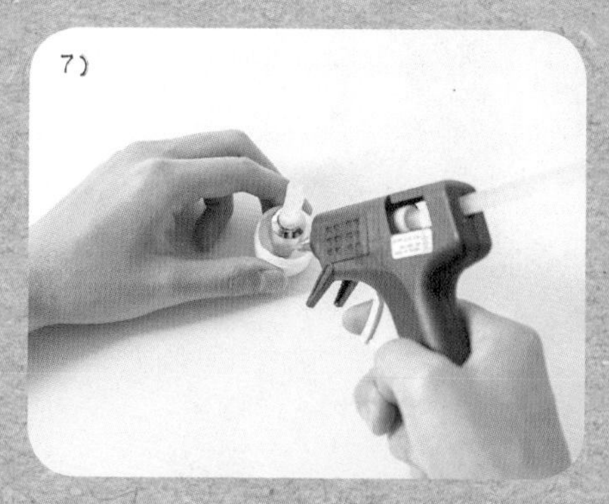
7)

用熱熔膠槍把氣嘴燈底部黏在瓶蓋內。

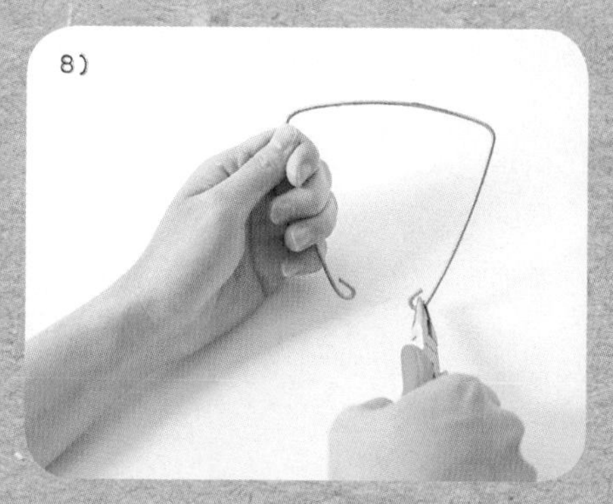
8)

剪一段粗鐵絲，摺成ㄇ字型，ㄇ字的邊長大約為 10 公分，兩隻腳的尾端向內勾起。

9)

在瓶口套上橡皮筋並纏上兩圈。

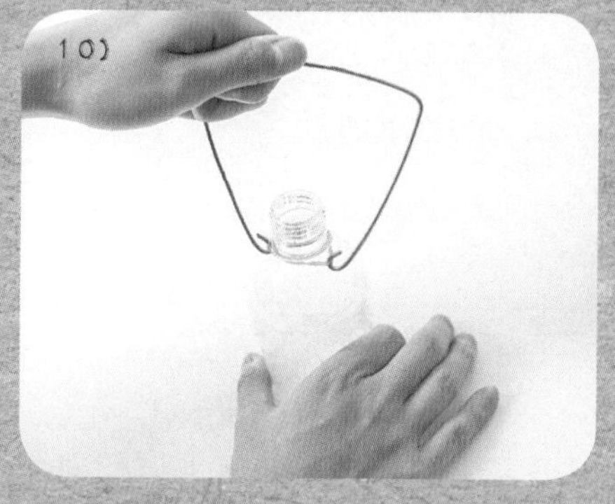
10)

將鐵絲勾到橡皮筋上做為提把。

11)

把兩截寶特瓶卡在一起。

12)

最後將氣嘴燈瓶蓋旋上，大功告成！

創意改造

寶特瓶的大小不限，只要上半部幾乎沒有紋路、透明度高的寶特瓶就可以。而能做為卡榫的紋路，並不是每個保特瓶都找得到，所以也可以用黏土另外做出一個底座，然後再用白膠直接把黏土場景黏在寶特瓶裡；不過，這樣的缺點就是，完成後想要再改變場景就會很困難。

如果你希望這個燈能有個開關、可以自己控制燈亮或熄的話，試試應用 3D 迷你檯燈的做法（參見玩具 15），使用 LED 燈、開關和電池盒串接出一個電路，這樣就能達成你想要的效果嘍！

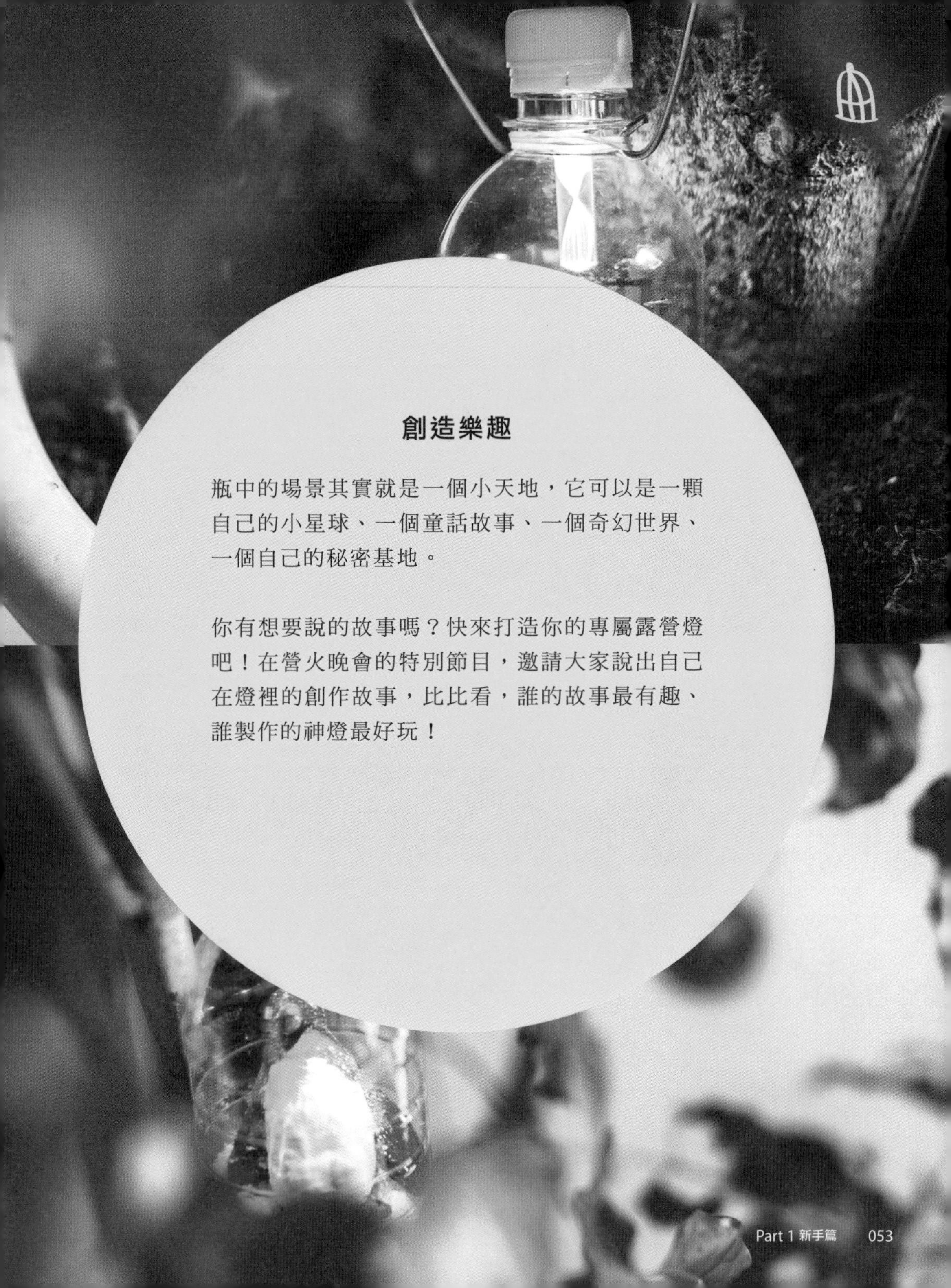

創造樂趣

瓶中的場景其實就是一個小天地，它可以是一顆自己的小星球、一個童話故事、一個奇幻世界、一個自己的秘密基地。

你有想要說的故事嗎？快來打造你的專屬露營燈吧！在營火晚會的特別節目，邀請大家說出自己在燈裡的創作故事，比比看，誰的故事最有趣、誰製作的神燈最好玩！

TOY # 05 吸管黏土公仔

星期天下午，哥哥和弟弟神秘的躲進房間，
兩個人不知道又在鼓搗些什麼，
原來是要做一隻小妹最愛的兔寶寶公仔，
準備送給她當作生日禮物啊！

Maker 想什麼……

小時候跟著媽媽去逛玩具店的時候，看到那些精緻漂亮的關節玩偶，喜歡得連眼睛都挪不開了。可是媽媽總不讓買，除了價錢有點貴之外，主要還是因為太怕玩具才剛買回家沒多久，就又變成一塊塊的殘骸，畢竟小孩強大的破壞力可不容小覷啊！長大後，我決定不如自己做一個，既不怕摔也不怕拆、又低成本的關節玩偶，這樣媽媽就不會阻止我了吧！

難易度｜★☆☆
所需時間｜2 小時
製作年段｜三年級以上
科學原理｜簡單的物理原理與應用

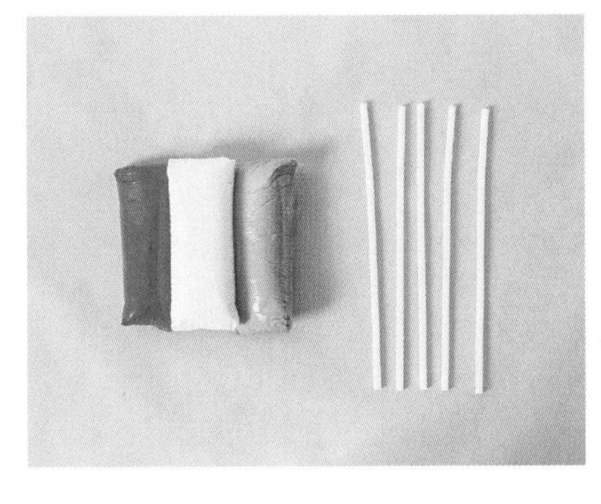

所需材料｜
各色輕黏土
可彎曲的吸管 5 支

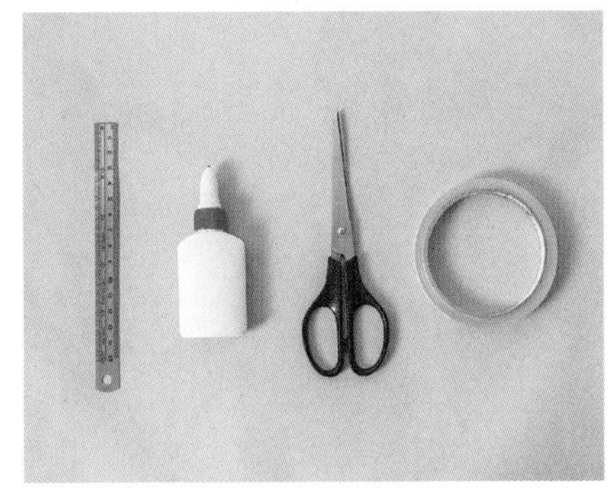

所需工具｜
尺
白膠
剪刀
膠帶

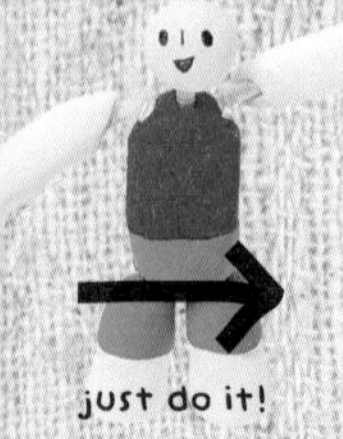

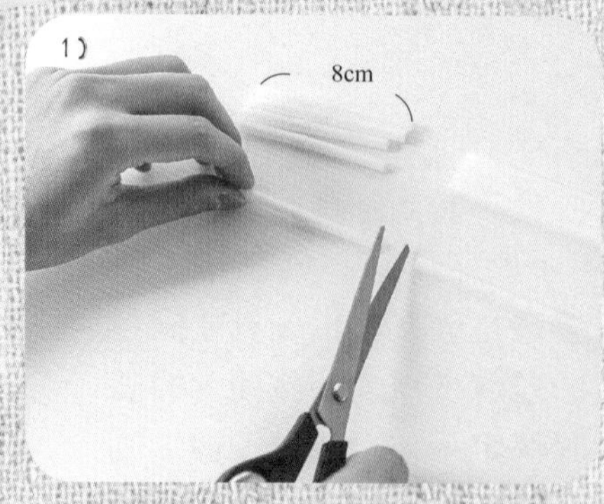

將 5 支吸管（包含可彎曲部分）剪下約 8 公分長度，備用。

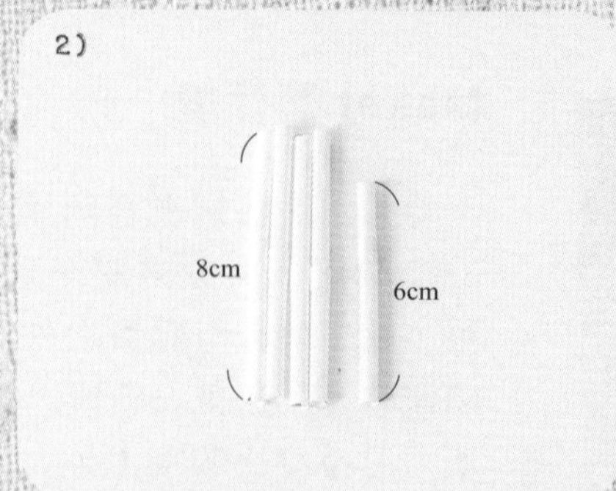

準備用於頭部的吸管，再多剪下 2 公分長度（即長度剩 6 公分）。

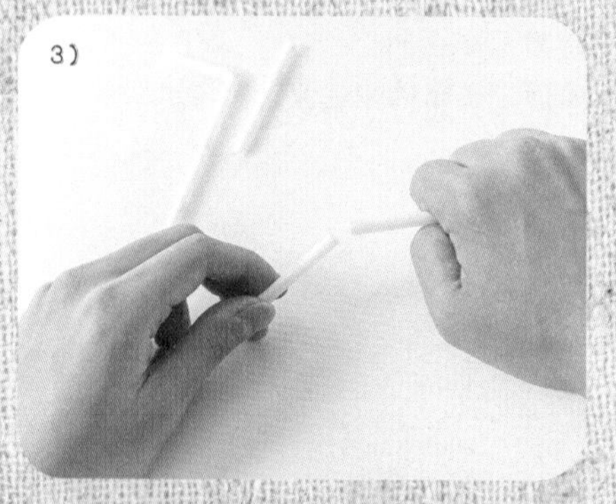

將吸管彎成公仔骨架的形狀。如果想要讓骨架牢固一些，可如圖示將手部和腳部的吸管連接起來。

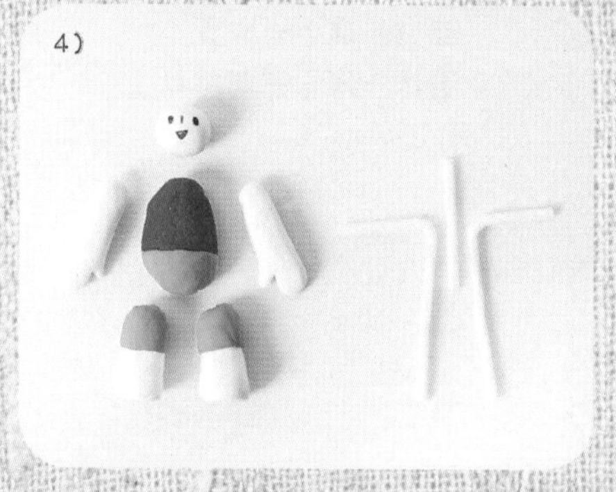

用輕黏土捏出公仔的身體，記得身體大小的比例要能放入骨架。

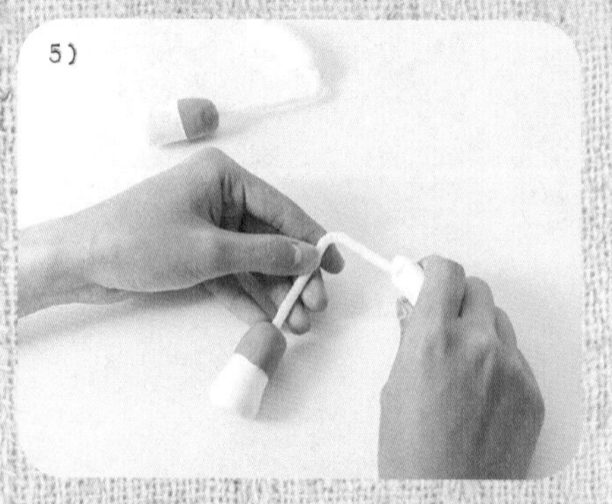

先將手腳骨架插入已做好的四肢裡面。

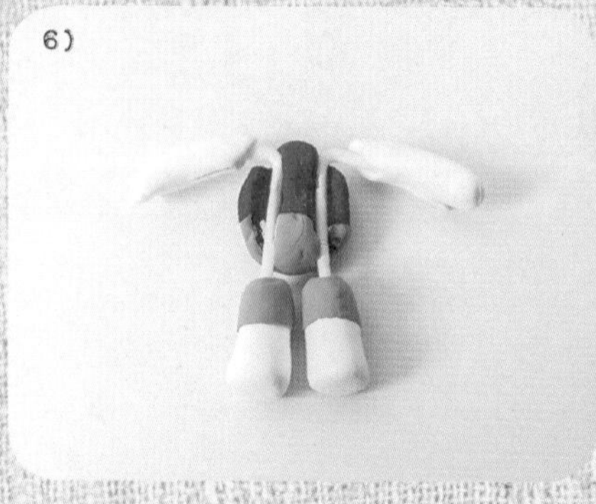

再將軀幹骨架包覆進身體中。

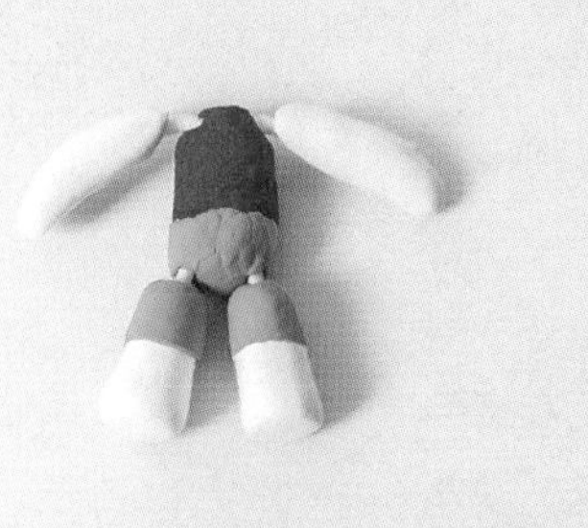

請在輕黏土還沒硬化前，完成包覆身體的動作。若出現包覆不完全或龜裂現象時，可再拿一點輕黏土來修補。

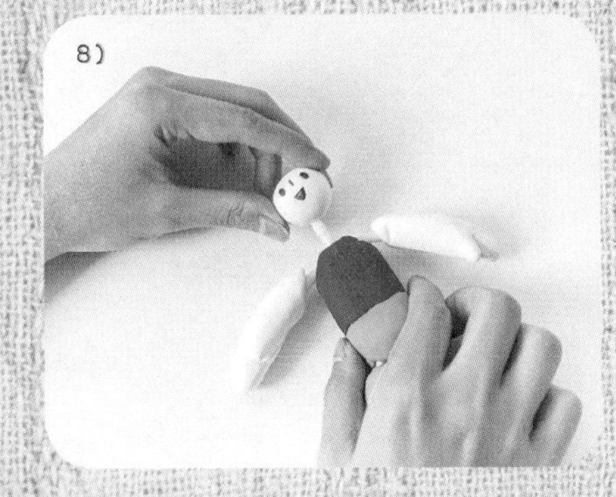

最後將頭部骨架插入身體裡面。

所有的骨架完全放入公仔身體後，可再做些外型修飾，並靜置1天，等待輕黏土硬化即完成！

創意改造

這個公仔最吸睛的地方，就在於它的可動關節。想要做出可動關節有很多種方法，像是直接去模型店購買現成的關節零件，或是利用鐵絲也可以;其中，就屬可彎吸管是最方便取得的材料了。因為輕質黏土是屬於乾掉後還會有點彈性的材質，如果選用鐵絲的話，就很容易會刺破黏土而傷到手，對小朋友來說有點危險。

不過，如果在製作玩偶時，發現因為手部黏土過重而造成無法固定手部姿勢，可以在做為關節的吸管中間，多固定一根鐵絲以增加關節的支撐力；而腳部若是站得不穩，也可以在腳底加上重物穩定重心。

本篇公仔的關節數量，只是將生物最簡化後，留下頭部、雙手、雙腳等等五大關節，所以只能做出最簡單的幾個動作。如果想要做出更精緻的動作，就必須增加更多的關節處，例如：手腕、手肘、膝蓋、腳踝。來吧小朋友！看誰可以做出最像真人動作的玩偶吧！

創造樂趣

擁有了一隻可愛公仔，你可以純欣賞，或是無聊時獨自把玩，但如果還能再加上場景布置，或是多些志同道合的夥伴，就會更好玩了！

現在就號召家人或同學們，舉辦一場「公仔園遊會」，不但能展現每個公仔生動的表情動作，還可以多賦予活動一些指令，例如：想開店的人就去賣東西、想賣藝的人就上台表演，讓這一群公仔大集合的活動變得更有趣！

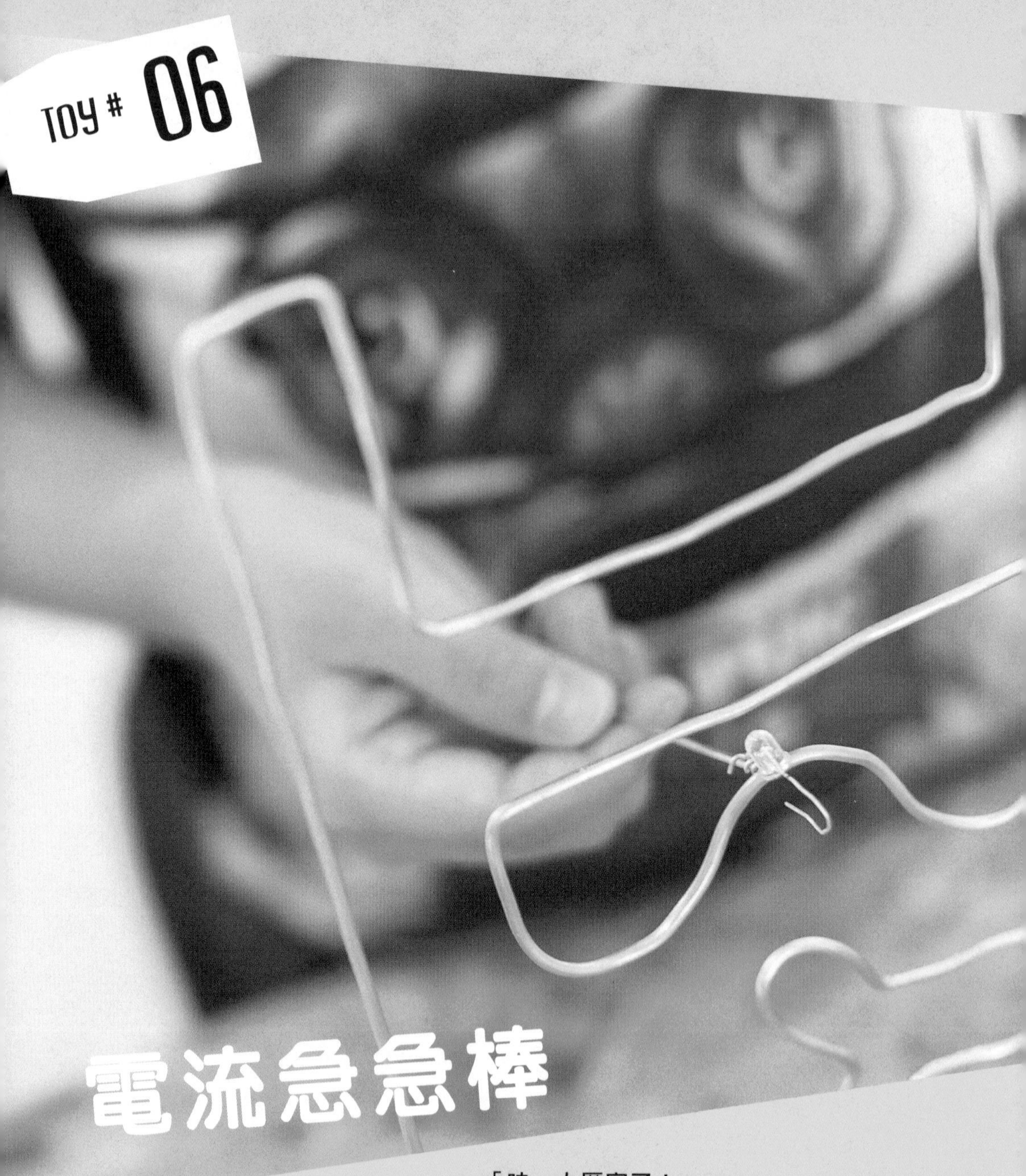

TOY # 06

電流急急棒

「哇，太厲害了！」
為什麼哥哥每次玩電流急急棒都能過關，
哪像我總是被電個半死，啪滋～又碰壁了！
可惡，下次我一定要挑戰成功！

Maker 想什麼……

小時候很喜歡看電視綜藝遊戲節目，玩遊戲的過程常逗人捧腹大笑，我印象最深刻的是日本知名綜藝節目「火焰挑戰者」，有個經典單元「電流急急棒」，挑戰者要握著金屬棒子，讓棒子通過一段迷宮，一旦碰到迷宮的牆壁，挑戰者就會被電到。這是一個非常考驗手部穩定性與專注力的遊戲，所以我試著改造成迷你版，讓小朋友也可以安心的玩。

難 易 度｜★☆☆　　**所需時間｜ 2 小時**
製作年段｜四年級以上　　**科學原理｜電學的原理與應用**

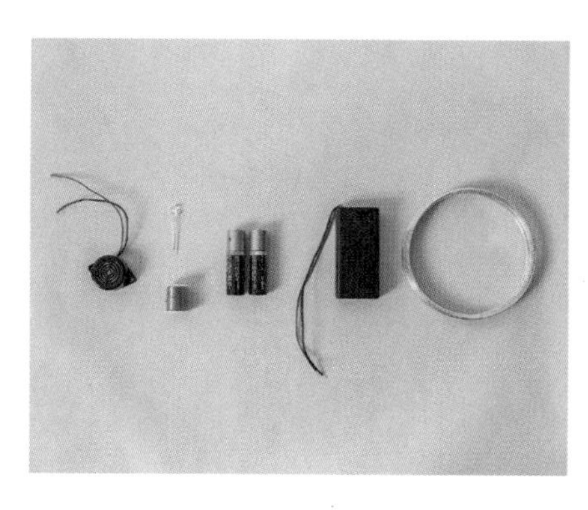

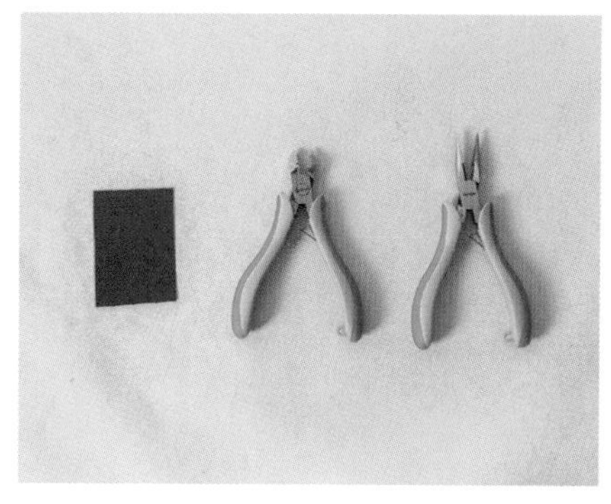

所需材料｜

3V 蜂鳴器　1 個
34 號漆包線　1 捲
3V LED　1 個
3 號 2P 電池盒　1 個
3 號電池　2 顆
18 號鋁線　1 捲
（鐵線或鉛線也可，但不能有顏色）

所需工具｜

砂紙
尖嘴鉗
斜口鉗

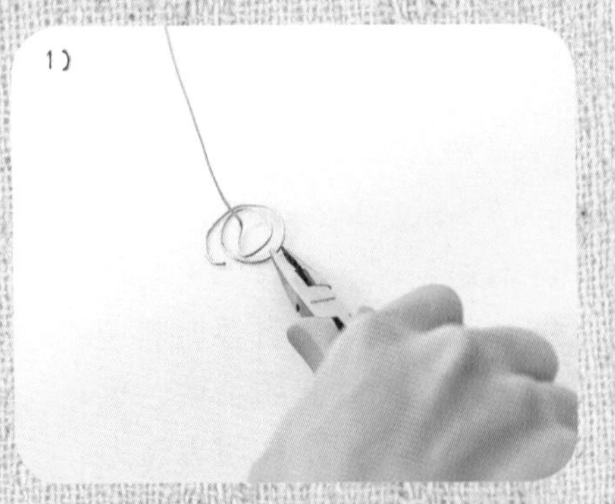

拉開鋁線，先別急著剪斷，用尖嘴鉗輔助彎摺出一個底座。

繼續拉開鋁線，做出你想要的造型，記得要預留等下給圈圈穿過的間距。

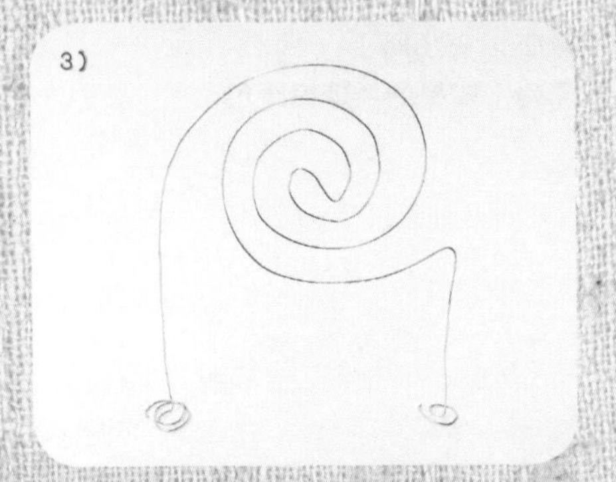

彎摺出另一個底座，試試看能不能穩穩的立起來，要注意兩邊腳架的平衡。

剪一段約 10 公分長度的鋁線，用尖嘴鉗將 LED 短腳綁在鋁線一端，並將鋁線頭尾彎摺出小圈圈方便固定。

用尖嘴鉗將 LED 長腳彎成一個圓勾，圓圈的空隙要能供鋁線通過。

剪一段約 40 公分長度的漆包線，用砂紙將頭尾的漆都刮除。

將磨好的漆包線，纏綁在鋁線棒的尾端。

漆包線的另一端，則與電池盒的黑線（負極）纏繞在一起。

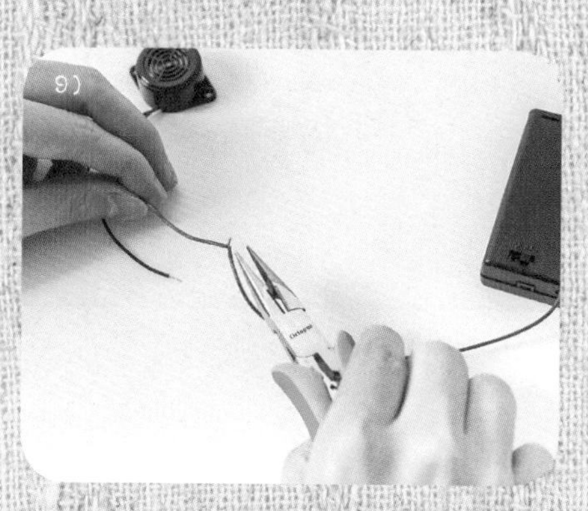

將蜂鳴器的紅線，與電池盒的紅線（正極）纏繞在一起。

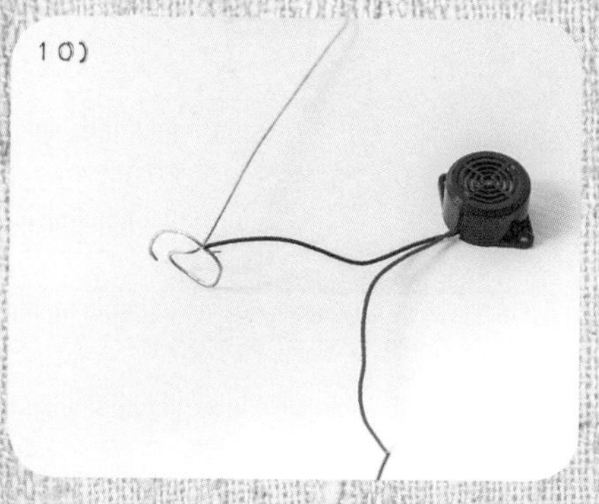

蜂鳴器的黑線，則連接到迷宮右端底座的腳架。

將電池裝入電池盒，把 LED 圈圈套入鋁架中，就大功告成了！

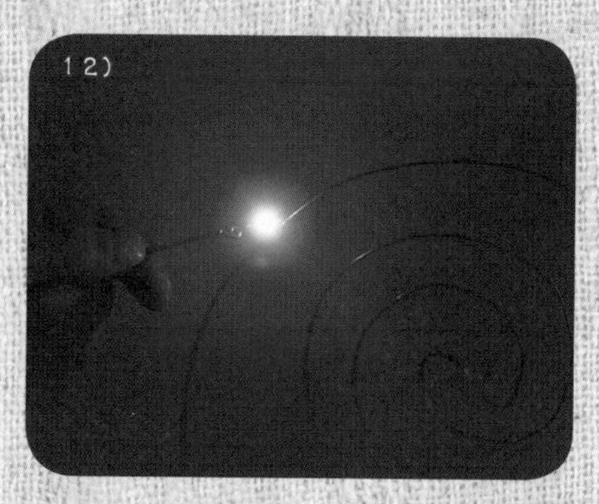

棒子上的小圈圈一旦碰到鋁架，LED 就會發亮，蜂鳴器也會發出聲響。

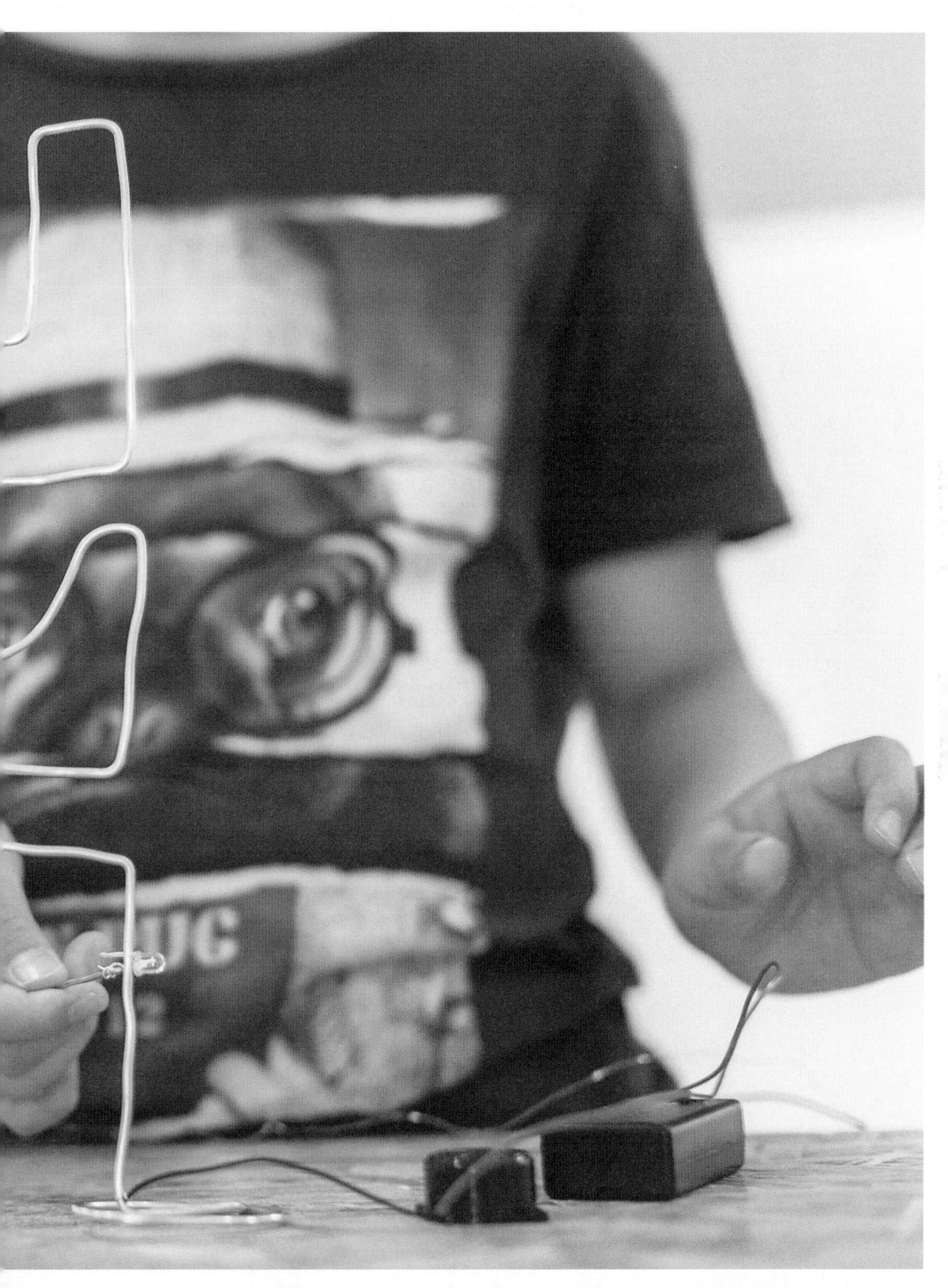

創意改造

這裡採用的是最簡單的單線式迷宮，搭配前端有圈圈的棒子，好處是製作起來比較簡單。若是想挑戰一下高難度，製作出電視節目中的大型迷宮，就必須做成雙層的，最好先畫好設計圖再製作，並且兩條線都要接到正極，而雙線版本的電流急急棒不需要在棒子前端加上圈圈。

如果迷宮沒辦法直接用手就摺出來，可以先畫在紙上，然後照著設計圖來製作，不過必須注意線與線之間的距離，太靠近的話會很難通行，可以自行斟酌一下遊戲難度。

如果你的迷宮看起來很龐大，兩邊腳架無法站得很穩的話，可以直接用黏土揉兩個面積較大的底座，再把迷宮的腳插進去，這樣一來不但能站得穩，還多了美觀的底座當裝飾喔！

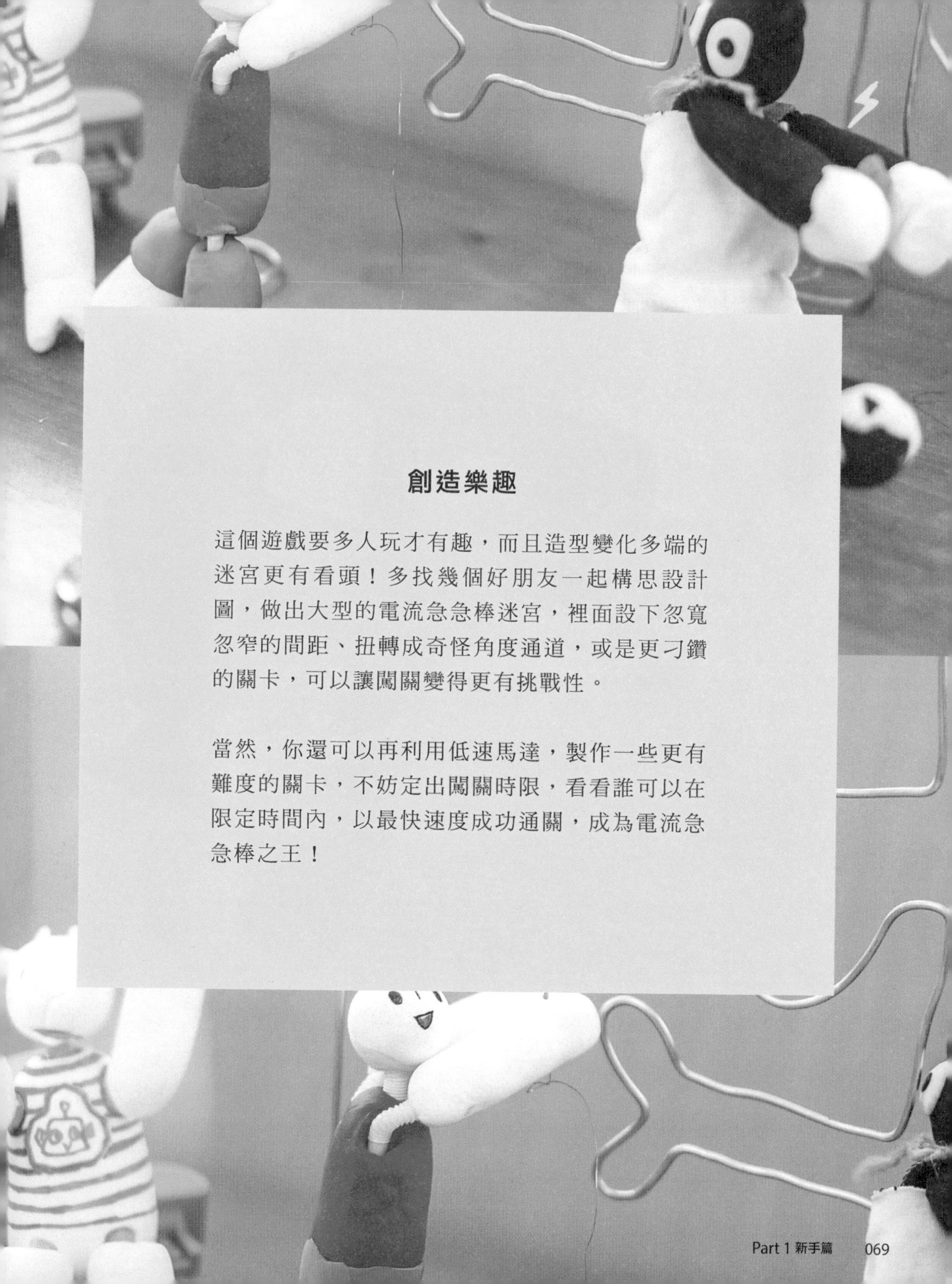

創造樂趣

這個遊戲要多人玩才有趣，而且造型變化多端的迷宮更有看頭！多找幾個好朋友一起構思設計圖，做出大型的電流急急棒迷宮，裡面設下忽寬忽窄的間距、扭轉成奇怪角度通道，或是更刁鑽的關卡，可以讓闖關變得更有挑戰性。

當然，你還可以再利用低速馬達，製作一些更有難度的關卡，不妨定出闖關時限，看看誰可以在限定時間內，以最快速度成功通關，成為電流急急棒之王！

TOY # 07

橡皮筋迴力車

「路況警報，前方 50 公里大塞車！」
什麼！約會快遲到了！
趕快駕駛我的迴力車改走捷徑，
保證暢行無阻準時抵達！

Maker 想什麼……

說到小時候最常玩的玩具，絕對少不了玩具車了！不過，因為太好奇為什麼車子可以就這樣跑出去，很想知道裡面長什麼樣子，一時衝動就把車子拆掉，結果裡面的鐵片彈出來後找不到，車子就這麼報銷壞了。等到後來長大一點，知道車子會動的原理之後，發現其實利用橡皮筋就可以達成一樣的效果，於是我這一台自製自產自銷的橡皮筋跑車問世了！

難易度｜★☆☆
製作年段｜三年級以上

所需時間｜2 小時
科學原理｜力學的原理與應用
簡單的機械原理與應用

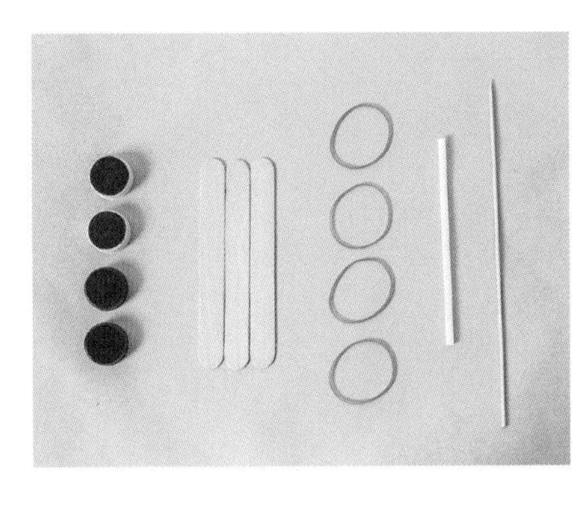

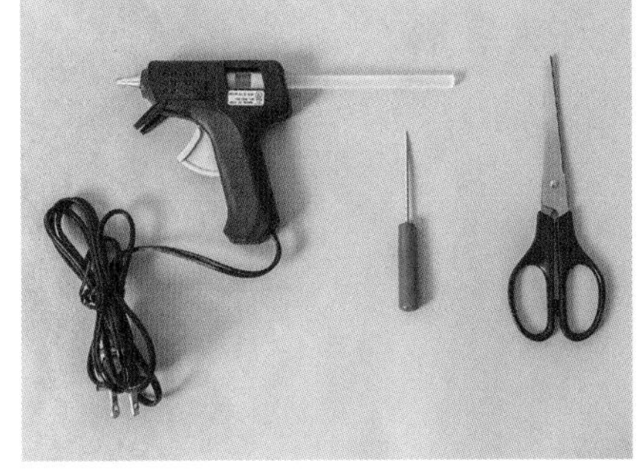

所需材料｜

寶特瓶蓋 4 個
冰棒棍 3 支
橡皮筋 4 條
吸管 1 支
長竹籤 1 支（至少 20 公分）

所需工具｜

熱熔槍和熱熔膠條
錐子
剪刀

just do it!

1)

用錐子在 4 個瓶蓋的正中間戳洞，做為輪胎。

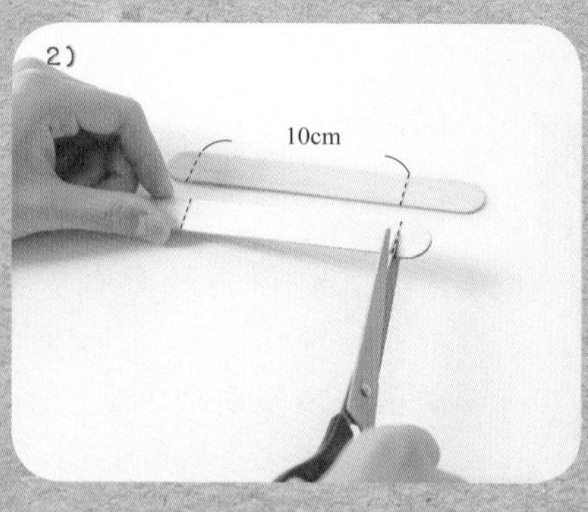

如圖示，將 2 支冰棒棍各剪下 10 公分，做為車身主體。

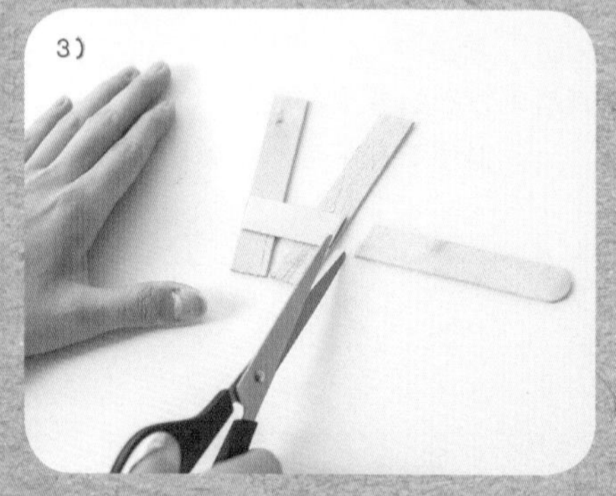

將步驟 ❷ 已剪好的冰棒棍組成 A 字型車身，再拿出 1 支冰棒棍測量一下連接車身所需的長度，剪下備用。

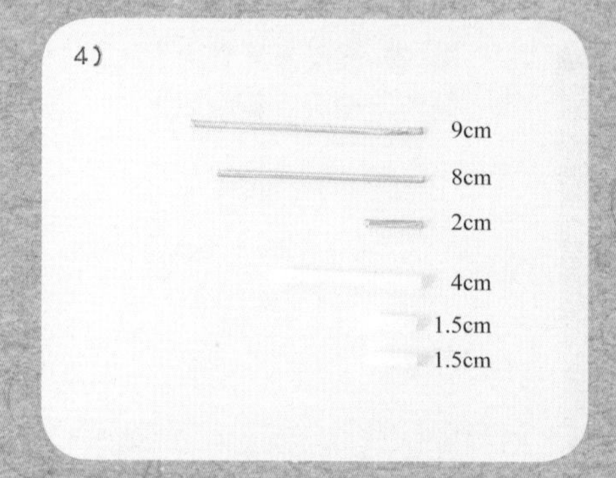

將長竹籤剪成三段：9 公分、8 公分、2 公分。吸管也剪成三段：4 公分、1.5 公分、1.5 公分。

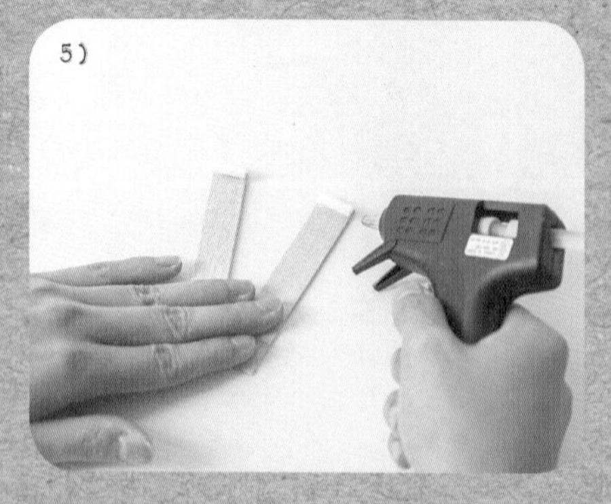

把 2 個 1.5 公分的吸管，用熱熔膠槍分別黏在車身底端。

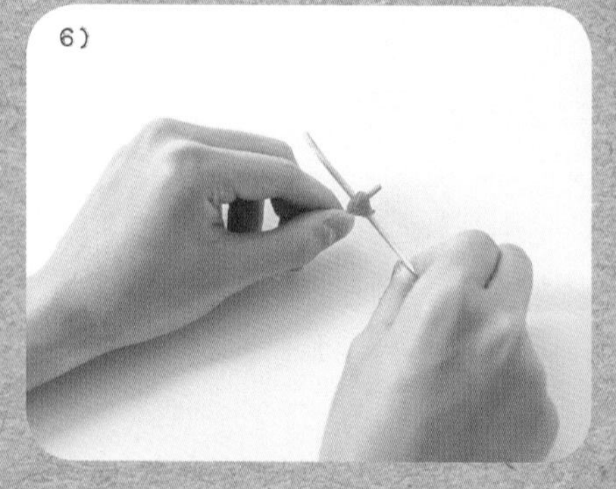

把 2 公分的竹籤，用橡皮筋固定到 9 公分竹籤的正中間。

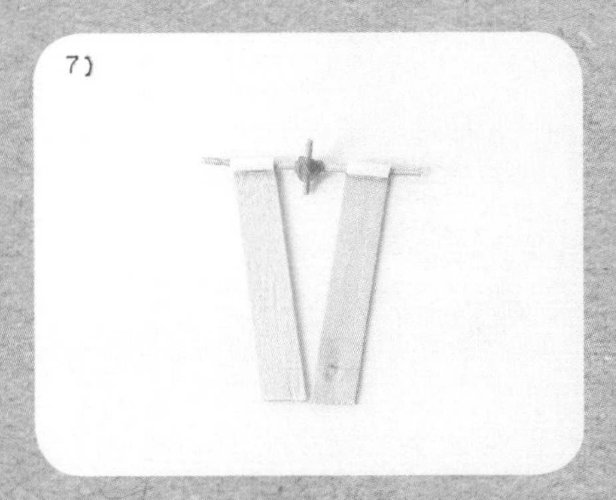

將步驟❻完成的竹籤，塞進車身底端的吸管裡。

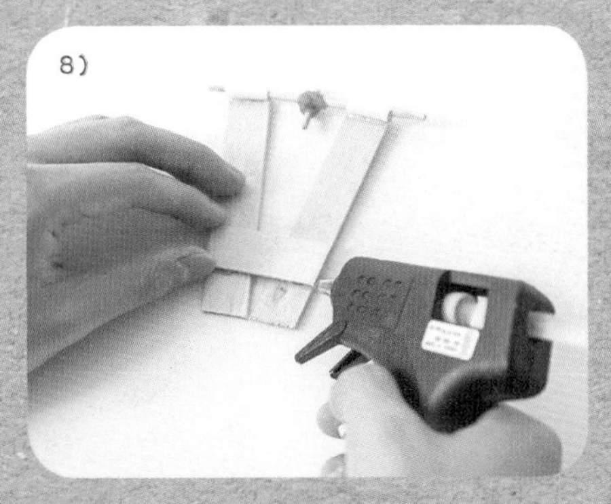

將步驟❸已剪好備用的車身連接片，用熱熔膠槍黏在車身中間固定。

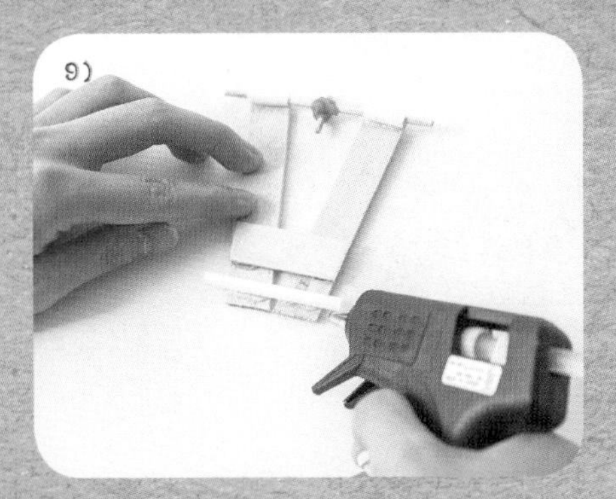

把 4 公分的吸管，用熱熔膠槍黏在車身前端。

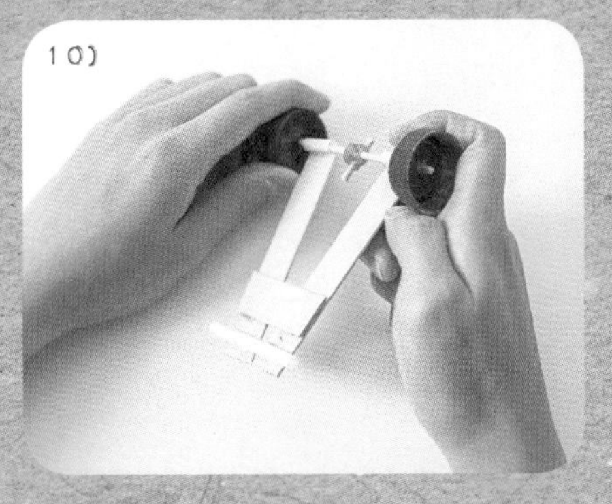

取 2 個瓶蓋，分別從洞口穿進入車身底端的竹籤上。

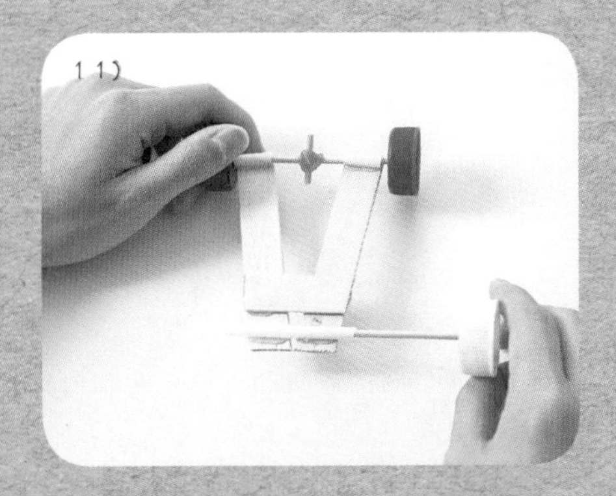

取出 8 公分竹籤，先在一端裝上瓶蓋，再把竹籤穿過車身前端的吸管內。

將最後一個輪胎也裝上去。

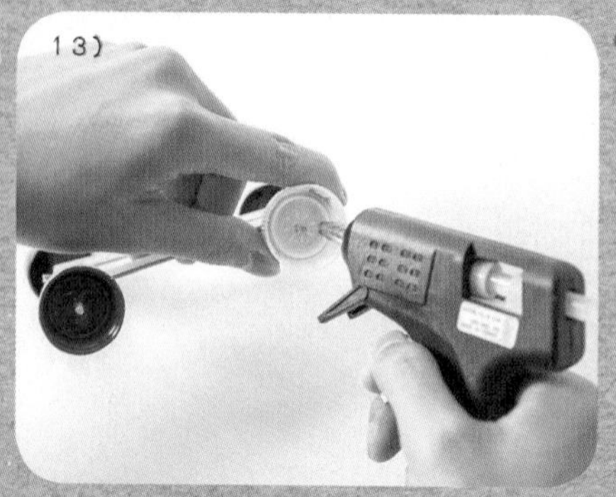

用熱熔膠槍固定好 4 個輪胎內的竹籤接縫處。

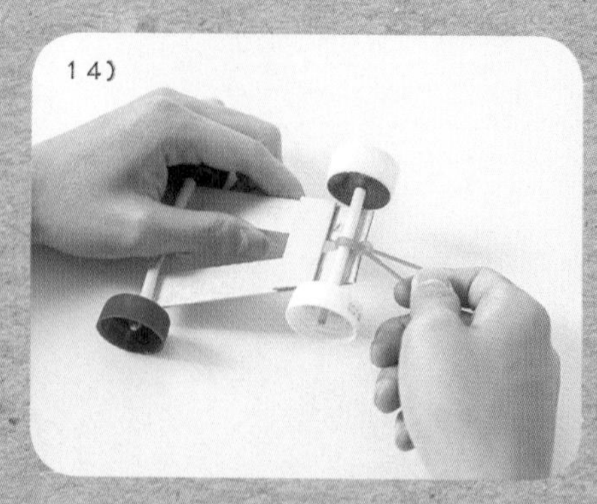

在車身前端的吸管中央綁一條橡皮筋。

在 2 個後輪套上橡皮筋，可增加摩擦力。如果橡皮筋纏兩圈還是覺得太鬆的話，可纏上三圈。

大功告成！只要將車頭的橡皮筋往後拉，勾在後面的竹籤上，再把後車輪往後多拖拉幾圈，然後一鬆手，車子就會飛快的衝出去。

9/5
9/28
IMPACT
2016

創意改造

橡皮筋迴力車，顧名思義它的動力來源就是橡皮筋，利用橡皮筋的彈力轉換成車子的前進動力。在後輪加上橡皮筋，是為了增加車子與地面的摩擦力，不然很容易讓車子在原地空轉。如果車子本身太輕了，也是造成空轉的原因。

所以，你可以在車子的骨架之上，幫它做個拉風的外型，不但可以美化，也可以增加重量，增加摩擦力。不過，要是車身重量增加得太重，可是會跑不動的喔！

創造樂趣

有了一台拉風的跑車，你可以自己一個人慢慢開，也可以呼朋引伴來舉辦一場「F1 迴力車路跑」賽事，進行坡道競速比賽，比比看誰的速度最快、誰最擅長坡道賽、誰的車可以飛過障礙物或是斷開的賽道，當成功抵達另一邊的終點，就是本屆障礙賽的冠軍喔！

TOY # 08

3D 飄浮裝置

QR親子一起動手做，
在家就能開Maker Party！

暗影斗篷一甩，衣袖一揮，
只見爸爸大手施展神奇的抓取技，
一顆球、兩顆球，就這麼憑空冒了出來，
哇，這招厲害，我也要學！

Maker 想什麼……

最一開始想要做飄浮裝置的時候，其實是看到有人做出飄在空中的地球儀，看起來真是太帥、太美了。不過，磁懸浮做起來實在是非常麻煩，纏線圈簡直是噩夢級的痛苦手工時間，所以我決定尋找別的飄浮方法，希望能用更方便簡單、省時又省力的方式，做出能在空氣中飄浮的物體！

難 易 度｜★☆☆ **所需時間｜ 1.5 小時**
製作年段｜四年級以上 **科學原理｜力學的原理與應用**

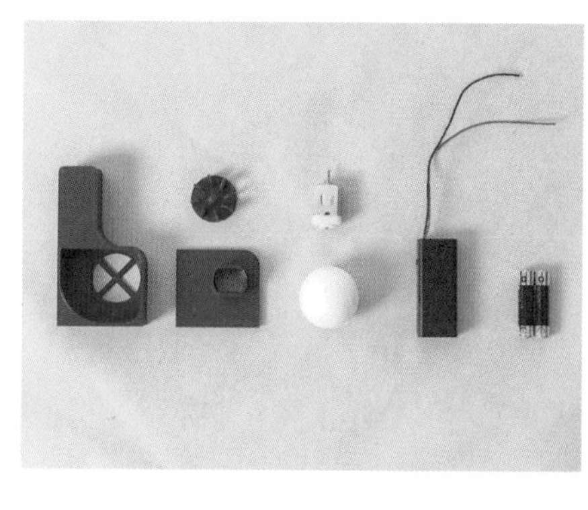

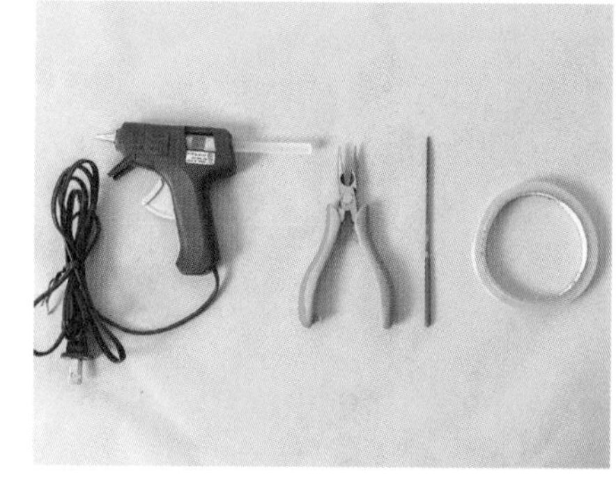

所需材料｜

3D 列印飄浮裝置零件	1 組
保麗龍球	1 顆
4 號電池盒	1 個
4 號電池（建議使用鹼性電池）	2 顆
馬達	1 個

所需工具｜

熱熔槍和熱熔膠條
尖嘴鉗
膠帶
銼刀

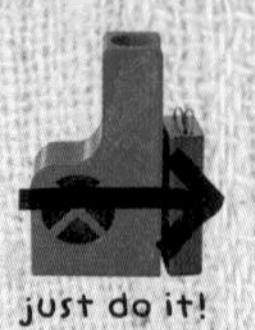

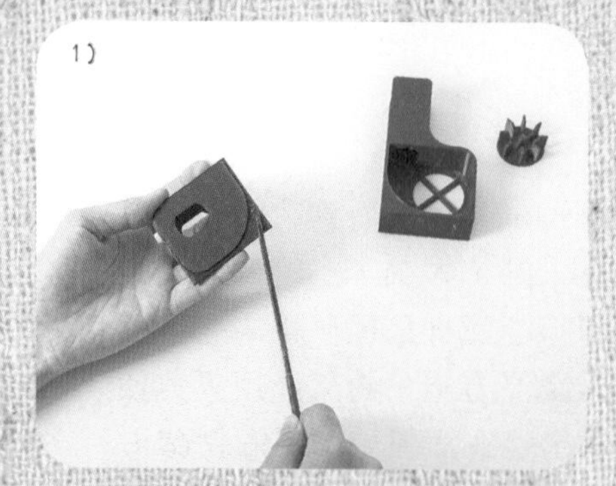

先用銼刀把 3D 列印零件的支撐材清除乾淨。

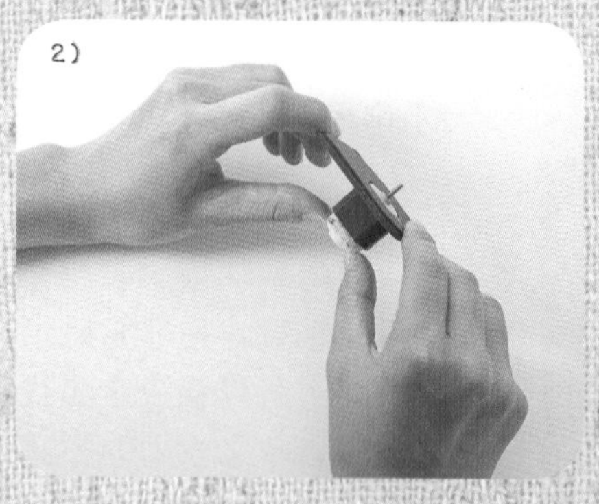

馬達塞入片狀零件的馬達孔中，接線位置朝上。

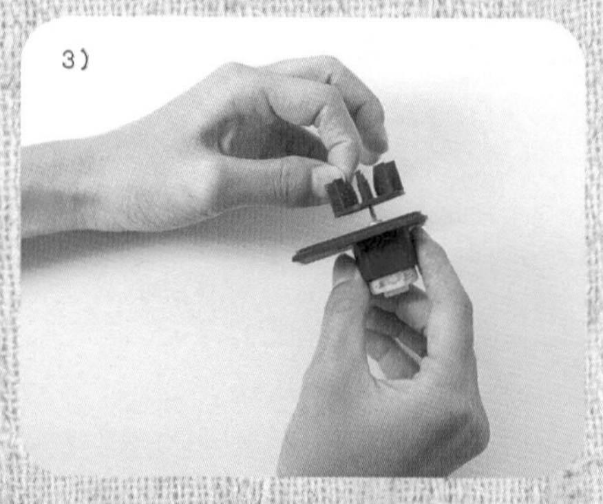

把風扇插到馬達上。如果風扇太緊或太鬆，可用黏土和膠水調整。

將步驟 ❸ 完成的零件組裝，照著形狀蓋到主體上。

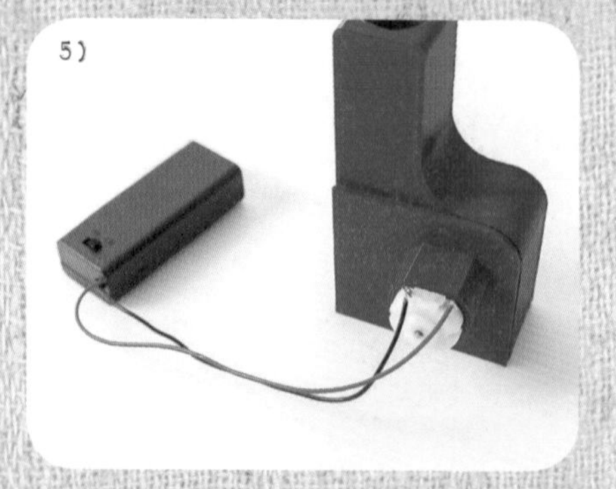

將電池裝入電池盒，把電線接上馬達的小鐵片，左邊接負極（黑線），右邊接正極（紅線）。

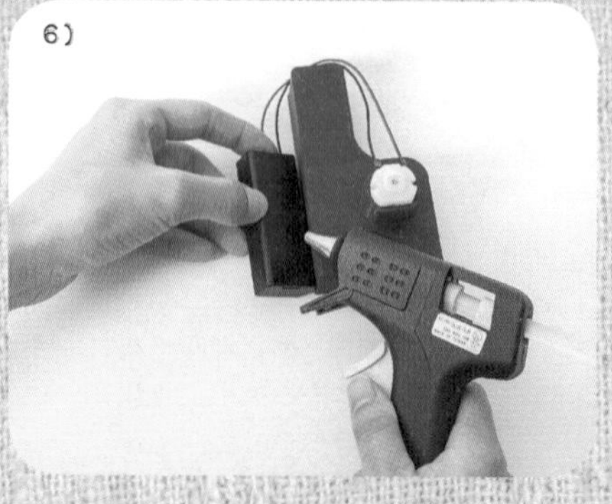

用熱熔膠槍將電池盒黏在出風口的外側。

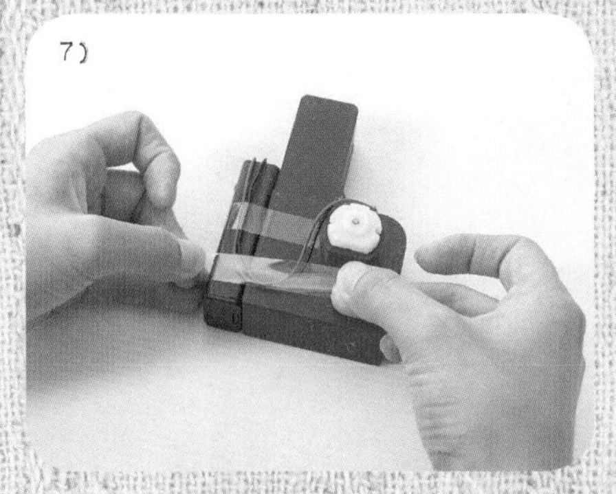

把電池盒多餘的線，用膠帶貼牢固。

大功告成！

創意改造

這個空氣飄浮裝置的原理其實很簡單，利用馬達旋轉風扇帶動空氣，空氣順著管子出去形成氣流，讓一些比較輕的東西可以被氣流吹起來，就形成飄浮的樣子。

風扇旁邊的吸氣孔，利用手的遮蓋以控制空氣進入的量，可以影響物體飄浮。除此之外，吸氣孔的大小形狀，也可能是影響物體飄浮高低和穩定度的變數，小朋友可以試著改變這些影響的因素，看看會發生什麼事呢？

創造樂趣

看到飄浮在空中的保麗龍球，不知道大家會想到什麼呢？是不是像極了浮在空中的地球儀呢？你可以試著在保麗龍球上，畫出一顆星球的模樣，也許是我們居住的地球、天上的太陽，或是美麗的月亮。

你也可以把太陽系九大行星都畫出來，請九位小朋友拿著自己的星球，按照行星轉動的位置一字排開，並分別介紹自己的星球有什麼特色；或者說說看如果你當選了星球長，你希望未來如何改造這顆星球、你希望星球上住著哪些人或動物呢？大家來上一堂最奇幻的地球與自然課吧！

TOY # 09

金字塔立體投影裝置

QR親子一起動手做，
在家就能開Maker Party！

哇！快看！什麼東西浮在手機上？
難道是小精靈？還是寶可夢現身了？
假日小小電影院開張了，
快抱著爆米花，來看 3D 影片吧！

Maker 想什麼……

現在 3D 電影這麼流行，不知道大家有沒有去電影院看過呢？看到電影中人物從大螢幕裡面跑出來，真是嚇了一大跳呢！不過，跑出來的角色看起來都好大一個，如果可以從手機裡面跑出來，小小一隻可以握在手掌中，那該有多好啊！於是運用投影原理，我試著將大螢幕變成小螢幕，讓手機也能充當 3D 放映機。

難 易 度｜★☆☆　　**所需時間｜**1.5 小時

製作年段｜一年級以上　　**科學原理｜**光學的原理與應用

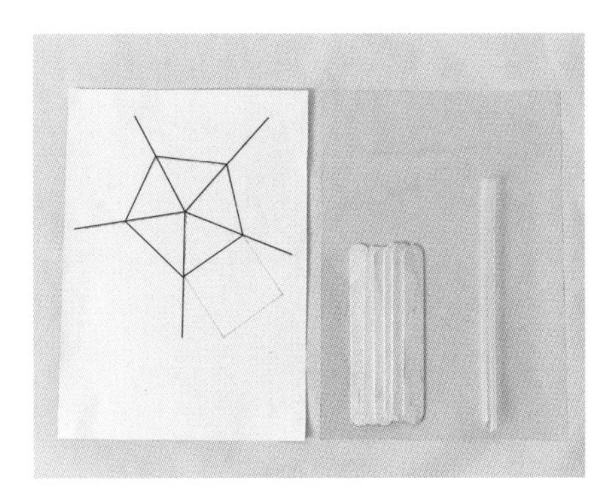

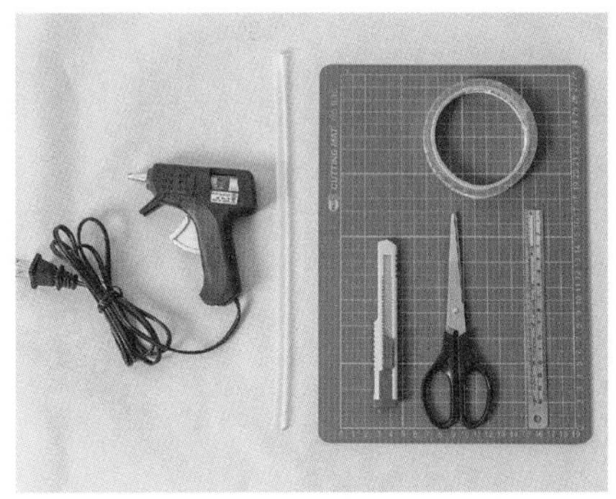

所需材料｜

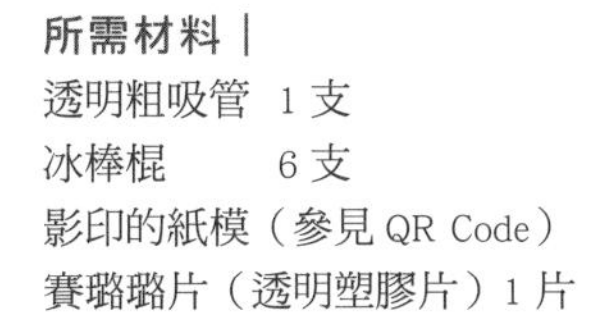

透明粗吸管　1 支

冰棒棍　　　6 支

影印的紙模（參見 QR Code）

賽璐璐片（透明塑膠片）1 片

所需工具｜

熱熔槍和熱熔膠條

剪刀

美工刀

尺

切割墊

透明膠帶

量出手機螢幕的寬度，根據公式算出金字塔四面的等腰三角形邊長。計算出腰長後，將三角形連出，其中一個三角形下面還要再接一個正方形。
等腰三角形邊長＝手機螢幕寬×4.33÷5

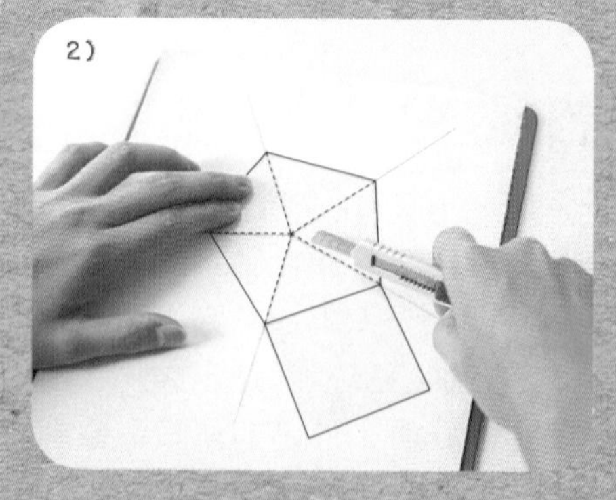

將透明片固定在紙上，用美工刀沿線將金字塔的平面展開圖割下來。連接處輕輕的用刀劃過會比較好摺。

note!

當然，也可以將手機螢幕替換成平板螢幕，並代入公式計算出金字塔的邊長即可。

用透明膠帶把金字塔組合起來。

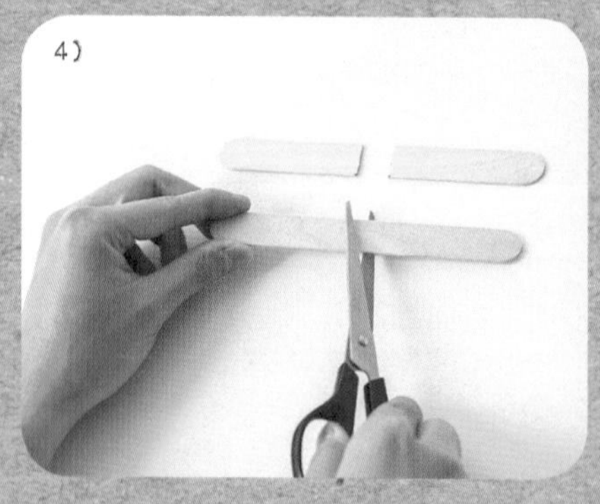

用剪刀將 2 支冰棒棍對半剪開。

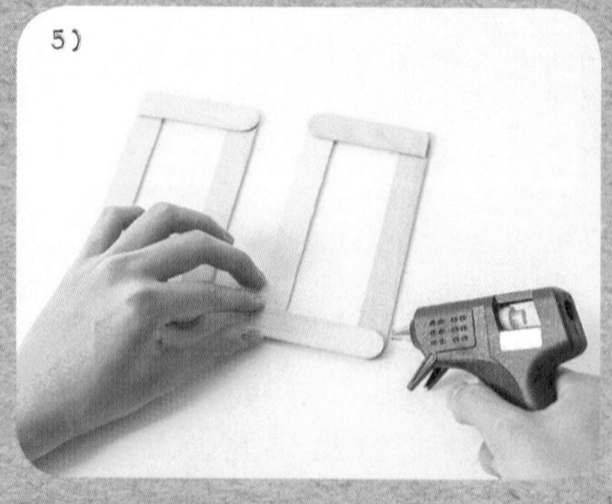

將冰棒棍排列成兩個如同手機螢幕的口字型，用熱熔膠槍黏住四邊固定。

將吸管切成 4 截等長，長度要略比金字塔高一點。

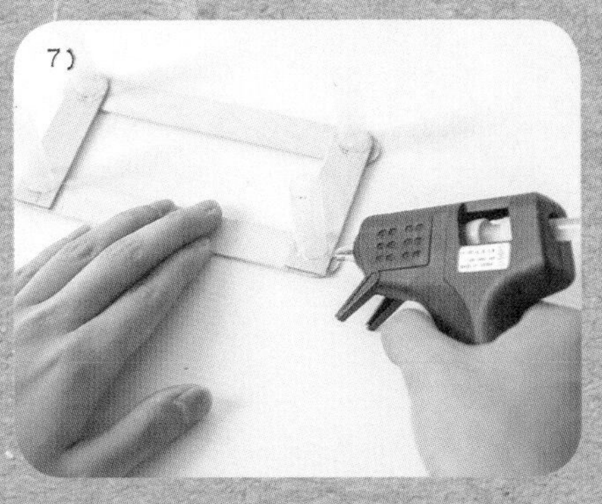

把 4 截吸管立在一個口字型木架的四邊上，並用熱熔膠槍黏好固定。

再把另一個口字型木架疊在吸管上，並用熱熔膠槍黏好固定。

裁一片 9 x 6 公分的透明片。

用膠帶把金字塔黏到透明片中間。

將步驟 ❿ 組好的透明金字塔，直接倒放在木架上。手機螢幕朝下，放在木架最上層即可觀看 3D 影片。

創意改造

當光線照到玻璃、壓克力片、賽璐璐片等透明物體上時，光線的反射與透射會同時存在。此時螢幕上的影像，在距離最近那一面 45 度角傾斜的透明片表面反射，抵達觀察者的眼睛時，形成的虛像位置大約就在螢幕中央上方，形成類似 3D 投影的浮空效果。

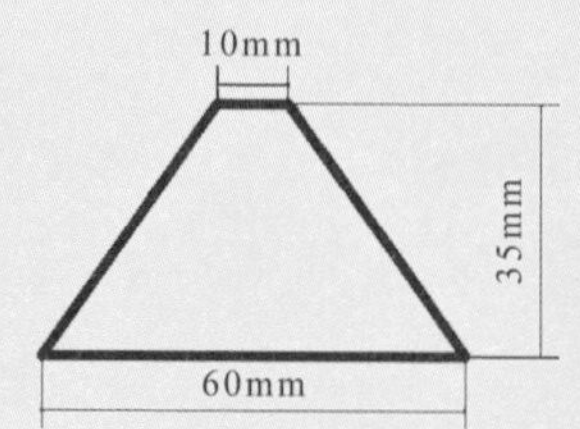

如果你覺得另外製作架子很麻煩，也可以把三角形改成梯形，比例如圖所示，這種梯形版本的金字塔只要四片，連方形都不需要，更加方便喔！

同場加映：網路上的 3D 影片有各種格式，除了使用倒金字塔，需要搭配架子來放映，還有的用正金字塔，只要將手機螢幕朝上，金字塔直接放上去即可。總之，金字塔怎麼擺放，要看影片本身的製作是選用什麼樣的效果。

創造樂趣

想不想辦一場 3D 電影首映會呢？小朋友趕快找找看，有什麼影片適合使用這種金字塔投影出來，然後就可以發送首映會邀請函給你的好朋友，記得準備好零食，就可以等著影展開幕嘍！

要注意的是，觀看影片的環境要夠暗，不然會看不清楚。當然，如果你的手機螢幕比較大，只要依照比例放大金字塔即可，就算是 ipad 平板或 60 吋數位電視，也都可以做出這種立體投影。

PART 2

進擊篇

難易度 ★★☆

3D 機器人小公仔

紙飛機發射器

廢柴機器人陸上版

廢柴機器人水上版

迷你扭蛋機

TOY # 10

3D 機器人小公仔

QR親子一起動手做，
在家就能開Maker Party！

一二三機器人！
啊哈，通通都不准動！
咦，怎麼有人是同手同腳？
天才！竟然想挑戰單腳站立神功啊！

Maker 想什麼……

小時候有流行過一陣子的紙娃娃，我曾迷到還會自己幫它畫衣服；後來有了公仔娃娃，一樣也是沉迷於幫忙加配件或換新衣服；到了現在，連身體都想自己做了！先前曾試過用黏土和吸管直接捏隻公仔出來，這一次想直接結合 3D 列印技術，或許就能更簡單的設計出心目中的公仔，而且用電腦建模還可以保證公仔的對稱。若是零件壞了，也只要重新列印一次，就能得到一個新的零件喔！

難易度｜★★☆
所需時間｜2 小時
製作年段｜三年級以上
科學原理｜簡單的機械原理與應用

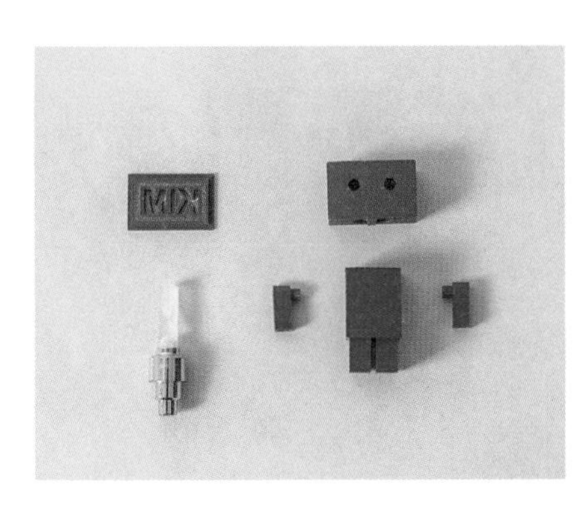

所需材料｜
3D 列印機器人零件 1 組
氣嘴燈 1 個

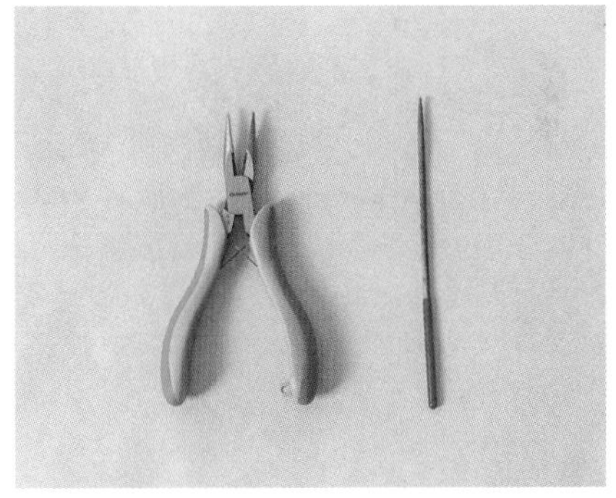

所需工具｜
尖嘴鉗
銼刀

just do it!

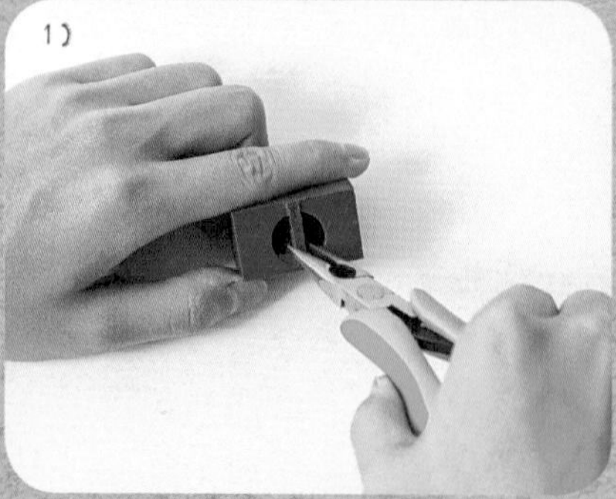

1)

用尖嘴鉗將頭部的支撐材清乾淨。

清除身體的支撐材時，大的洞口可使用尖嘴鉗來拆，小的洞口就要用銼刀小心清乾淨，請注意不要戳到手。

接著組裝公仔的手。如果覺得太卡的話，試著用旋轉的方式裝進去；用砂紙或尖嘴鉗磨的話，不要磨得太鬆。

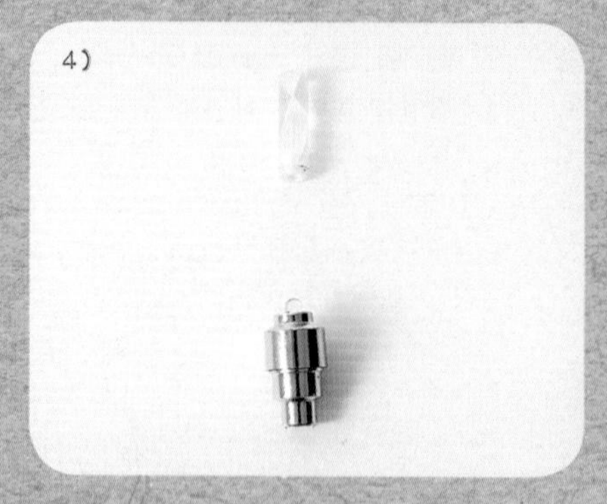

將氣嘴燈前端的柱狀燈罩，轉開取下。

接續轉開氣嘴燈底部。轉開底部時，要直立朝上，避免裡面的電池掉落。

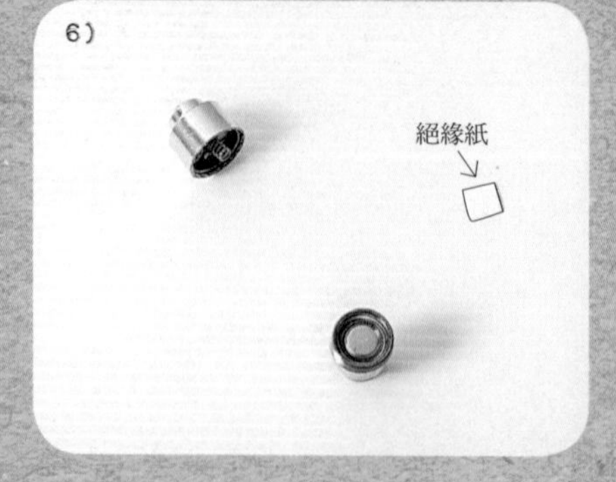

取出電池與燈泡中間的絕緣紙。

然後再把氣嘴燈的底部組裝好。

將氣嘴燈裝到身體裡。

將頭部的背板蓋上去。

最後把頭套上身體，大功告成！

只要用手指輕輕拍機器人，頭部就開始發亮，眼睛會閃閃發光。

創意改造

小朋友有沒有發現，公仔的身上有很多小圓孔呢？這個公仔跟前面的「吸管黏土公仔」一樣，也是一種關節可動的玩具，身體上的小圓孔加上手臂上突出的卡榫，合在一起就可以當作關節。利用磨擦力，就可以讓公仔的手停留在你要的位置擺出動作。所以在組裝時，若發現太緊的話，不要太用力的想把洞擴大或把連接軸磨細，因為砂紙的破壞力很大，一不小心就會讓關節太鬆，這樣公仔的手就舉不起來了。

當然，大家也可以利用孔洞與卡榫，修改隨書附上的 3D 檔案，幫自己的機器人公仔加上更多酷炫的外掛武器和裝備，不論是大砲或球棒、書包或課本……只要你想得到的東西，都可以加上去。

創造樂趣

快號召家人或同學們來一場「公仔武裝展示大會」，展現你們為每個公仔精心設計的武器或是外掛配件，然後擺出酷酷帥帥的經典動作，來個精彩三連拍吧！

你也可以舉辦一場「跨友誼同好會」，邀請黏土關節公仔（參見吸管黏土公仔）一起來玩，友誼可都是邊玩邊培養出來的啊！

TOY # 11

紙飛機發射器

「咦？怎麼會這樣！」
我的戰鬥紙飛機竟飛得比妹妹的陽春飛機還近？
不行，我得求助紙飛機發射器大神，
這樣下次，絕對能飛得更高更遠！

Maker 想什麼……

小時候相信大家都有摺過紙飛機吧！一架紙飛機要射得又高又遠，除了要摺成適合飛行的形狀，更要注意射出的力氣和角度。不過，常常摺出了不錯的紙飛機，卻因為力氣不足或手滑，導致飛行效果不理想，還可能讓紙飛機撞擊受損，浪費了辛苦摺好的紙飛機。這個時候，如果有紙飛機發射器的話，是不是就能避免這些問題了呢？只要瞄準好角度，再按下開關，就能將紙飛機平穩的射出，是不是很棒！

難易度｜★★☆
所需時間｜2小時
製作年段｜四年級以上
科學原理｜電磁作用的原理與應用
力學的原理與應用

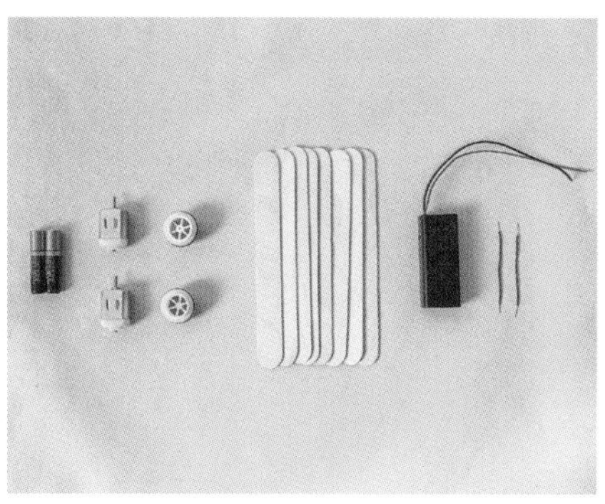

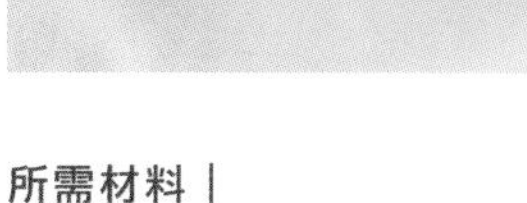

所需材料｜
四驅車輪子 2個
馬達 2個
冰棒棍 8支
4號電池盒 1個
4號電池 2顆
6公分電線 2條

所需工具｜
熱熔槍和熱熔膠條
剪刀

將馬達軸心插進四驅車的輪子裡，馬達有 2 組，記得都要插到底。

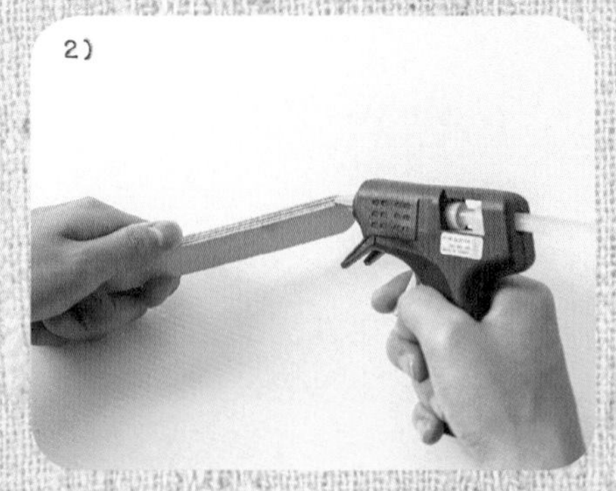

將 4 支冰棒棍束成一把，並用熱熔膠槍把它們黏在一起。

用熱熔膠將 2 組馬達分別黏在冰棒棍前端的兩面。

在距離馬達約 3 公分處，用熱熔膠槍斜斜的黏上 1 支冰棒棍（可凸出一小截），做為發射器的握把。

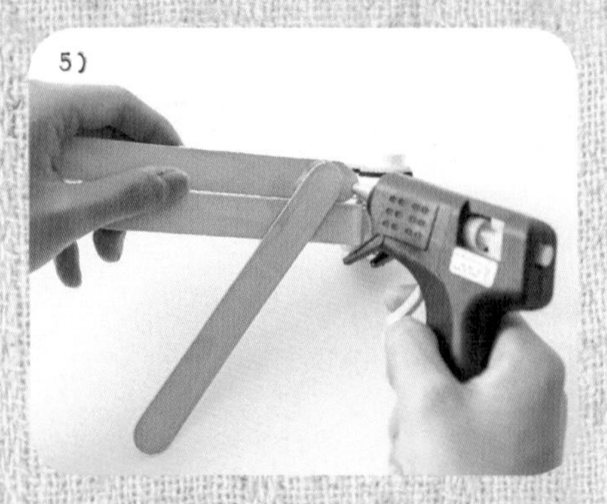

然後在凸出來一截冰棒棍的內側，用熱熔膠槍再黏上 1 支冰棒棍，做為紙飛機的一側固定軌道。

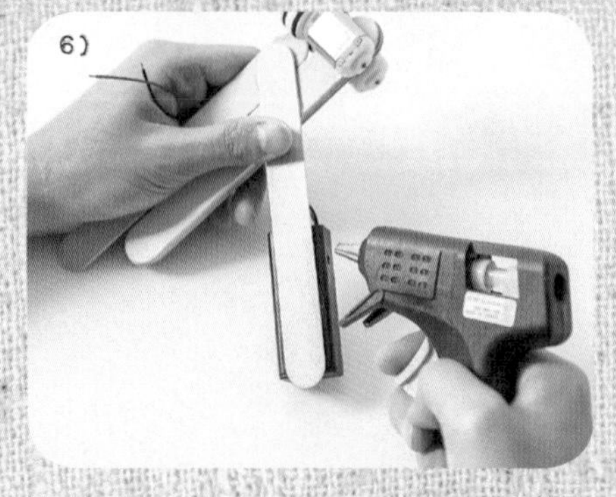

完成一側軌道後，將電池盒黏在做為握把的冰棒棍內側，把電池裝入電池盒。

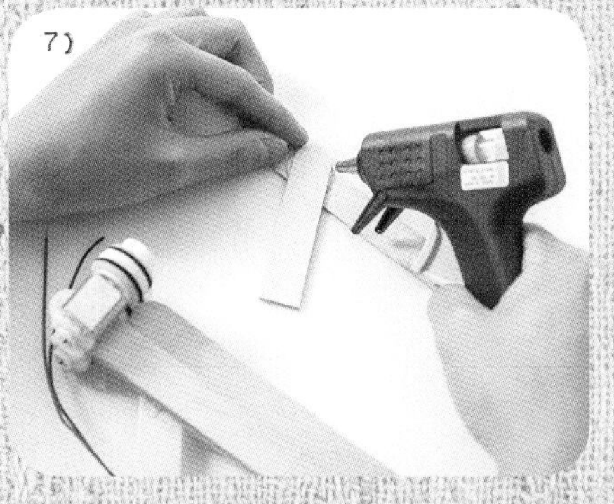

將剩下的 2 支冰棒棍做交叉狀，排成如步驟 ❺ 飛機軌道和握把的相同角度，並用熱熔膠槍黏固定，做為另一側固定軌道。

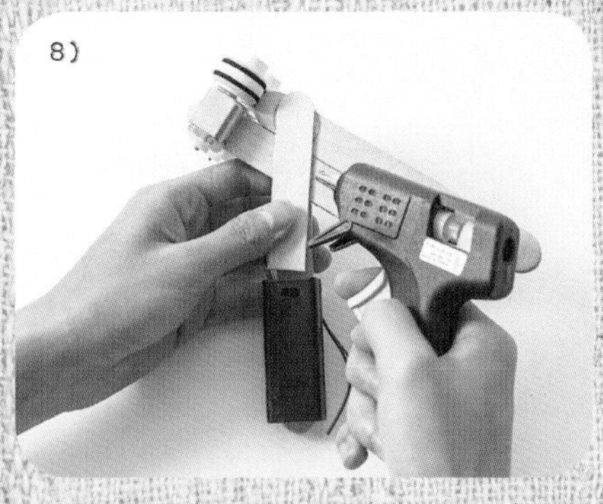

將步驟 ❼ 完成的軌道，用熱熔膠槍黏在飛機發射器的另一側。

製作發射器握把時，需留意有一側握把端的冰棒棍必須剪裁，長度以能露出電池盒為主，這樣較方便切換開關與更換電池。

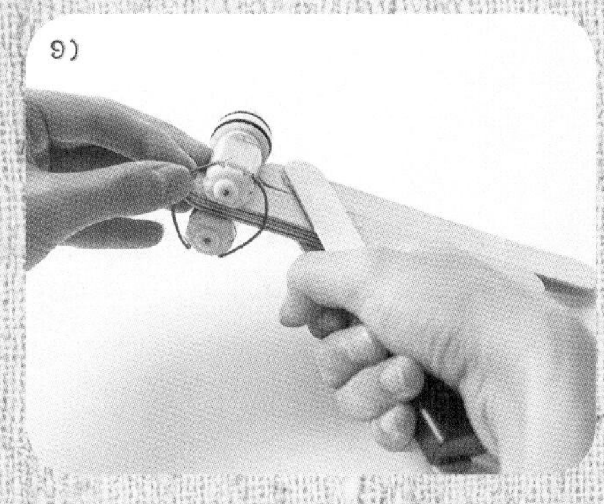

用 2 條 6 公分的電線，把 2 個馬達的同側連接起來。

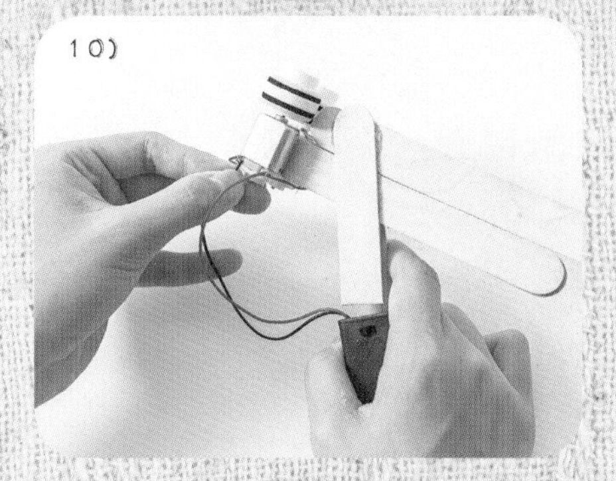

選其中一側馬達來連接電池盒，黑線（負極）接在前方，紅線（正極）接在後方。

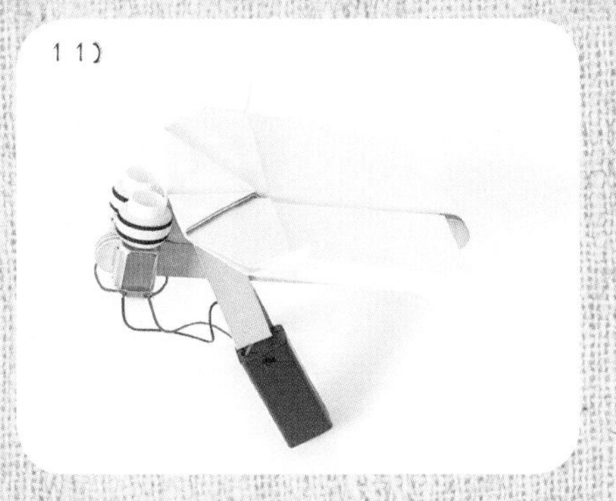

大功告成！

創意改造

究竟為什麼發射器能將紙飛機射出呢？這台紙飛機發射器，利用 2 組四驅車的馬達來做出發射機構，藉由馬達通電轉動輪胎，讓輪胎以非常快的速度旋轉，然後再將紙飛機放在 2 個輪胎的中間，這時因為輪胎摩擦力的關係，會將紙飛機以高速向前射出，而這 2 個輪胎的間距就是射出成不成功的關鍵了。

如果兩輪間距太寬的話，輪胎就會碰不到紙飛機；如果兩輪間距太緊的話，就會把紙飛機卡在中間動彈不得，要如何調整好間距就需要自己慢慢去體會。

此外，同樣的發射器原理，也可以應用在乒乓球上，透過簡單的修改，就能做出實用的乒乓球發球機喔！

創造樂趣

有了紙飛機發射器之後，當然要來舉辦紙飛機比賽，快召集親朋好友們一同來參加吧！比賽項目不只比誰的紙飛機飛得遠、比誰在空中停留的時間最久，還要挑戰看誰能用最帥氣的姿勢將紙飛機射出，比賽勝出者可以獲頒最佳飛行員喔！

TOY # 12

廢柴機器人 陸上版

砰！遠方傳來禮砲聲響。
第一屆廢柴機器人路跑大賽開跑！
哼，哥哥改造的遙控車太強了，
我的烏龜太郎一號只能哭哭墊底啦！

Maker 想什麼……

機器人格鬥賽在美國、日本等地方，已經風行有好幾年的歷史了，但是一般人想參加確實非常困難，不只要有很高的技術力才能做出可以遙控、動作精緻且強悍的機器人，而且比賽過程還很可能讓你的機器人報銷花錢重做，因此日本後來出現了「Hebocon」廢柴機器人大賽。這是一個專門為技術能力較低的人們所舉辦的機器人大賽，採用相撲的規則，誰先摔出場外倒地就算輸，不需要高科技應用技術或策略，只要機器人會動就行。像這類的「低技術限定」機器人，屬於博君一笑的純娛樂，不講究外型，也不在乎功能，十分適合小朋友練練手感喔！

難易度｜★★☆
製作年段｜四年級以上
所需時間｜2.5 小時
科學原理｜物理力學的原理與應用
簡單的機械原理與應用

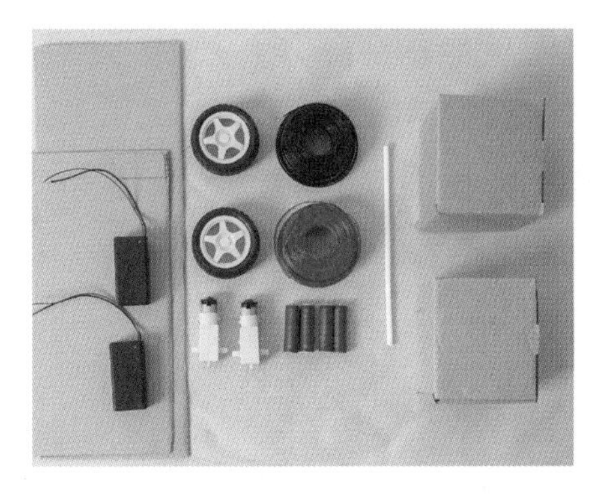

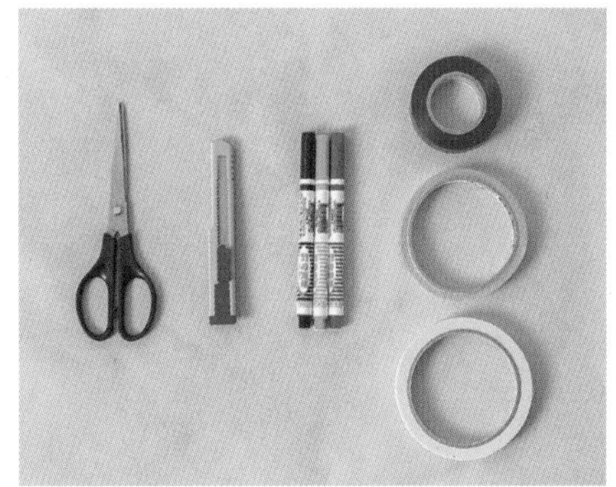

所需材料｜

紙箱　2 個（示範圖大的 13x14x15 公分、小的 12x11.5x15 公分）
紙板　數片
細吸管 1 支（顏色不拘）
單心線 2 捲（設定兩種色以區分正負極）
3 號 2P 電池盒 2 個
3 號電池 4 顆
馬達　2 個
輪子　2 個

所需工具｜

剪刀
美工刀
絕緣膠帶
膠帶
雙面膠
奇異筆或彩色筆

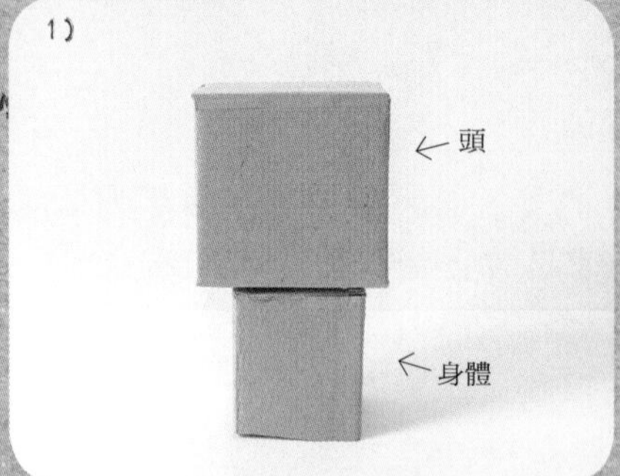

準備兩個紙盒，擺擺看哪個當頭、哪個當身體，但先不要黏在一起。

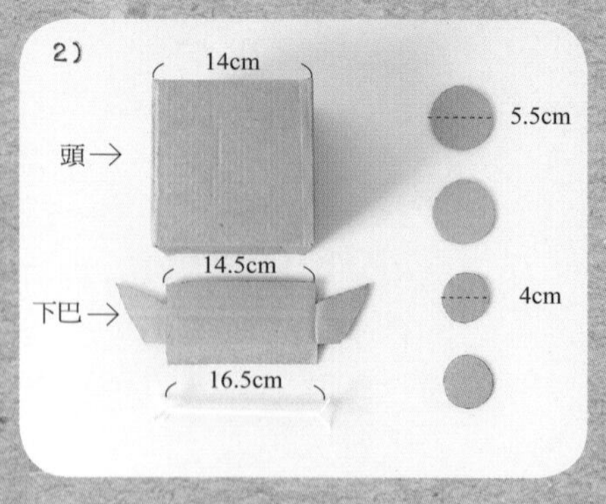

首先製作下巴。將紙板剪裁出下巴形體、關節（2 大 2 小的圓片）。吸管長度需比下巴多 2 公分，並在兩端剪花。

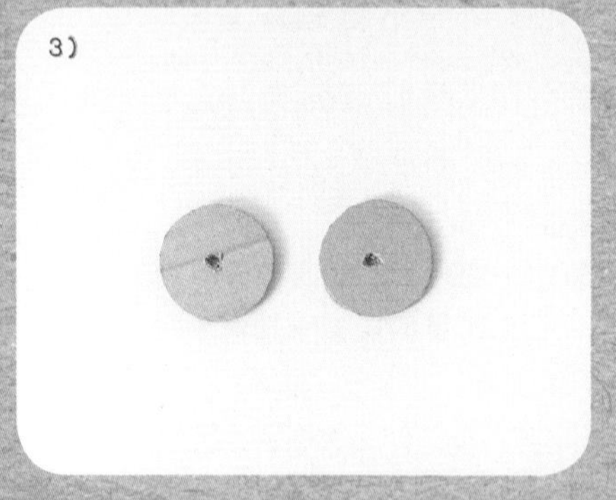

分別在 2 個大圓片中間，戳出可以讓吸管穿過的洞。

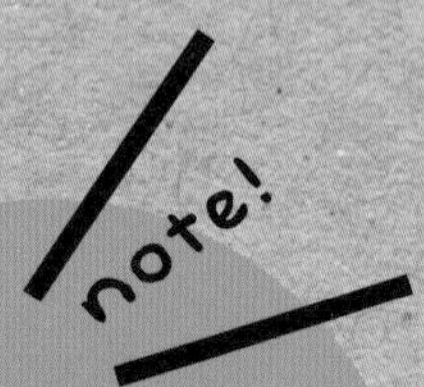

剪裁下巴組件時，需參考做為頭部的紙盒寬度（14 公分），得出下巴寬度是 14.5 公分，大圓片直徑是 5.5 公分，小圓片直徑是 4 公分，吸管長度則是 16.5 公分。

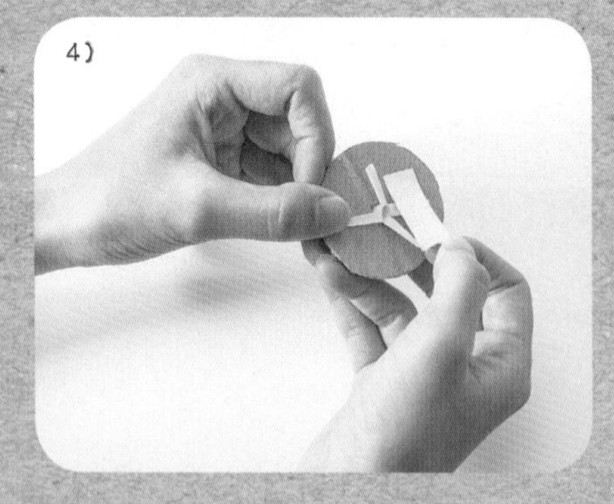

將吸管先穿過 1 個大圓片的洞口，用雙面膠把吸管和圓片黏在一起。

再用 1 個小圓片，覆蓋住步驟❹雙面膠的黏貼處。

沿著虛線摺出下巴的形狀，用膠帶固定摺角。

在頭部的兩側打洞，洞的位置要參考做出來的下巴高度。

將步驟 ❺ 已完成一邊的下巴吸管，穿進頭部的洞孔。

把吸管的另一端，穿透出頭部另一邊的洞孔。可將紙盒先打開，從內部穿吸管比較容易。

將凸出洞口的吸管，套上另一個大圓片，用雙面膠把吸管和圓片黏在一起。

再將另一個小圓片，覆蓋住步驟 ❿ 雙面膠的黏貼處。

在下巴兩腮部位的尖角處，用雙面膠分別黏進圓片關節裡面。

可動式下巴就完成了！

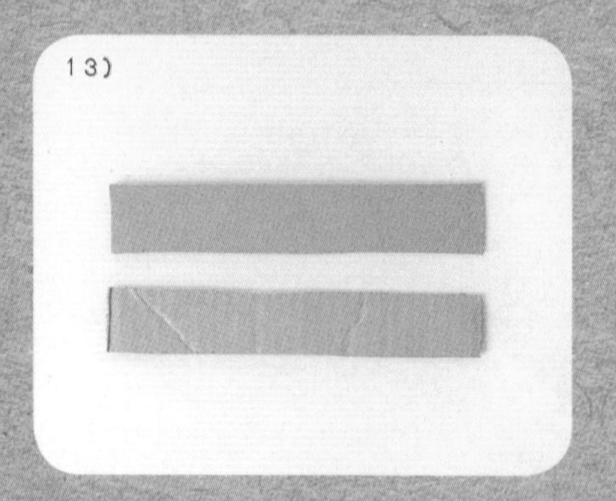

接著製作脖子。將紙板剪裁出 2 片寬長條，約 5x20 公分。

將 2 片長條紙板擺成直角，在接合處用雙面膠黏牢。

沿著連接處有高低差的那條線，由上往下摺。

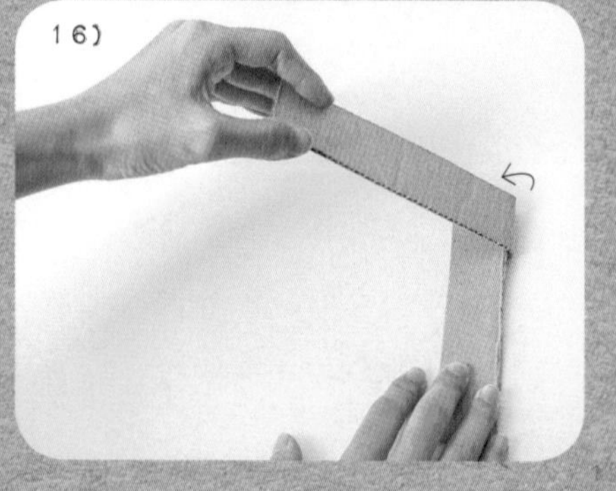

再繼續沿著連接處有高低差的那條線，由右往左摺。

重複步驟 ⑮ ～ ⑯ 的摺法，直到不能再摺為止，把多餘的部分剪掉，最尾端的接合處用雙面膠黏牢。

將完成好的脖子，用雙面膠黏在身體上。

頭部也同樣要用雙面膠黏在脖子上。

接下來製作雙手。將紙板剪裁出 4 片長條，約 3x30 公分。

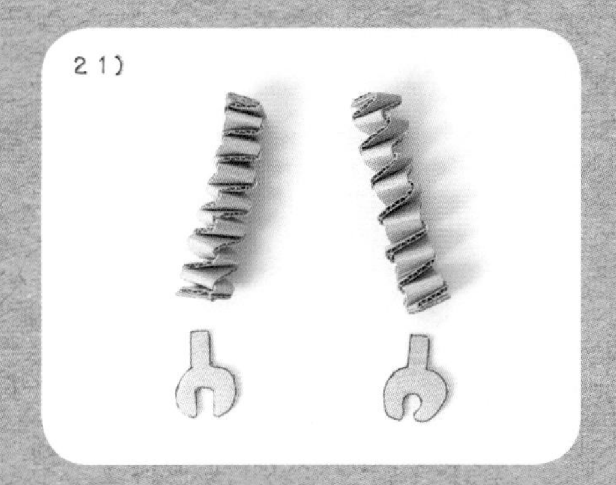

手的做法和脖子一樣，可將摺好的手加上自己喜歡的東西當作手掌。

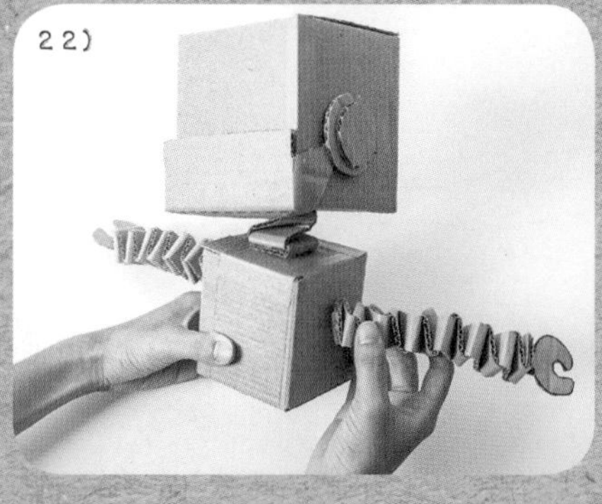

將完成後的雙手，用雙面膠黏到身體的兩側。

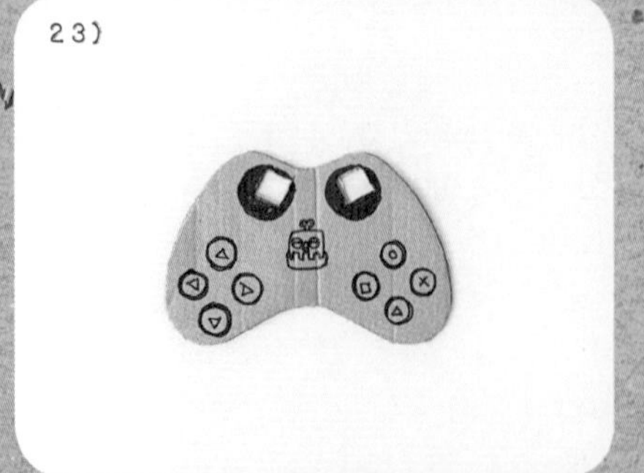

將紙板剪裁出一個遙控器的把手，上面要挖出兩個洞，可以讓電池和開關露出來，並用筆繪製出遙控器按鍵。

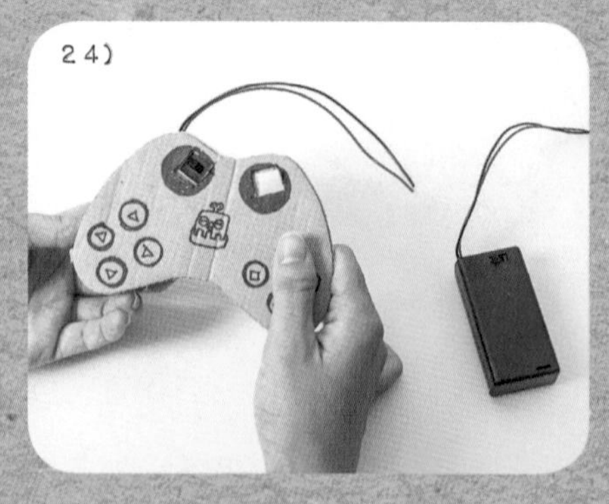

電池裝入電池盒內，用雙面膠將 2 個電池盒黏到遙控器紙板後面，洞口要露出開關。

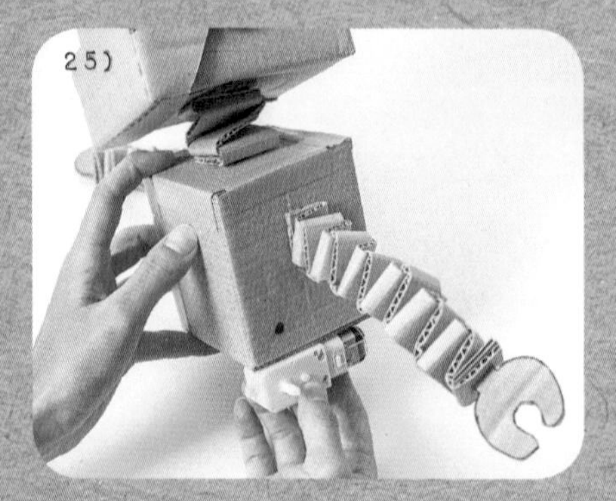

在身體兩邊的前側下方，各戳一個洞，洞孔位置是比對馬達轉軸的對應位置。

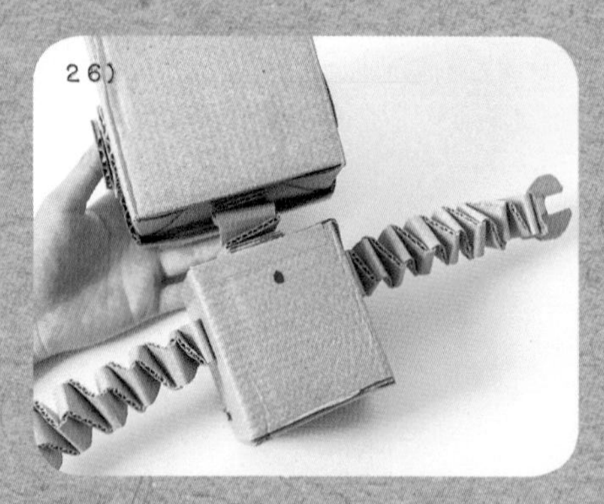

在身體後背的上方，也戳一個洞。

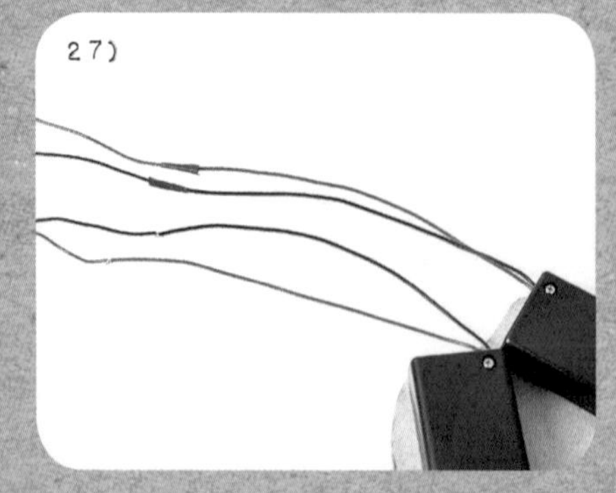

取出雙色單心線長度不拘，與電池盒的紅線接紅線、黑線接黑線，金屬接腳處用絕緣膠帶封住。

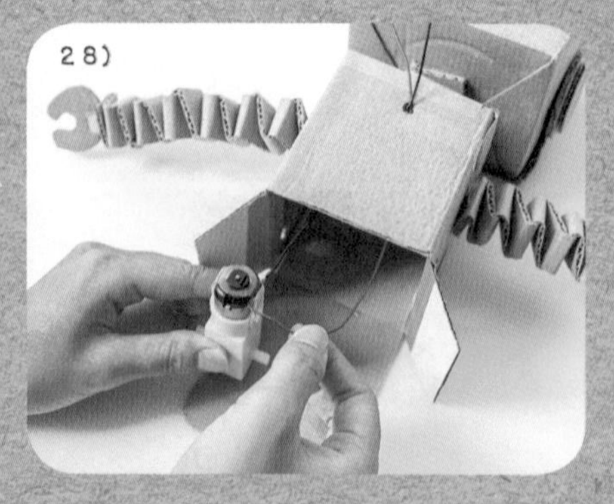

將步驟 ㉗ 接好的一組電線，從機器人背部洞口穿進，再將電線接上馬達，正極接正極、負極接負極。

將接完電線的馬達，讓轉軸穿過身體側邊的洞孔，並用雙面膠將馬達固定住，再將輪子套上馬達轉軸。

重複步驟㉘～㉙，接續完成身體另一邊的馬達與輪子。然後將 4 條電線用絕緣膠帶束整齊，大功告成！

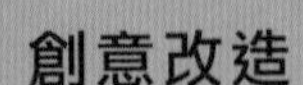

廢柴機器人在製作過程中，最有趣的地方在於「沒有任何限制」，只要是你能拿得到的材料，通通都可以用來製作機器人；唯一的要求就只有「可以動」，原地轉圈圈或直接往前衝，甚至是只能動一隻手，都可以算是符合條件。

在本篇示範中，採用的是 2 個馬達做為動力來源，而且因為開關左右分開，你可以單獨控制其中一邊的馬達，而不是只能直接往前，所以可以利用這個特徵來進行方向控制，往前或左右轉都不成問題，甚至是想要轉身的話，也可以只開其中一邊的開關，讓機器人轉 180 度，就能往原來的後方走了。

當然，除了示範中使用電池馬達之外，還有其他可以製造動力的方式，例如：橡皮筋、氣球等等，大家可以想想看這些可以怎麼應用，發揮一下惡搞創意吧！

創造樂趣

號召同伴一起做廢柴機器人，絕對會樂趣加倍，尤其是「盲取」規則更是妙啊！首先，請大家各自隨意的準備一些材料，或是統一由活動負責人準備也可以，像是紙箱、寶特瓶、橡皮筋、免洗筷、馬達、氣球……任何材料均可接受。

然後，將材料分散隨意打包（或是製作編號抽籤），把材料隨機的分給每個人。接下來，利用自己分配到的材料，在限定時間內，想辦法做出一台廢柴機器人（機器人的動力來源，可以參考橡皮筋迴力車）。完成後，就可以進行比賽啦！

廢柴機器人比賽採用的是相撲規則：圈定一個場地，場地不用太大，大約 100x50 公分，兩兩一組相比，先掉出場外或是倒地的人就輸了。來吧！還在等什麼！大家一起來 PK，看看誰才是最機智的廢柴機器人之王！

TOY # 13

廢柴機器人 水上版

一年一度廢柴機器人水上奧運會開幕嘍！
哥哥出動了新一代雄風號，
準備和老爸的巡戈號比拼高下，
看看誰才是名符其實的水上霸主！

Maker 想什麼……

做完廢柴機器人之後，忍不住思考了一下，既然陸上型的機器人有了，那麼有沒有水上型的呢？結果上網查了一下，還真的有水上型廢柴機器人大賽啊！果然是英雄所見略同，大家都想到一塊去了！事不遲疑，馬上做來玩玩！

難易度｜★★☆
製作年段｜四年級以上
所需時間｜2 小時
科學原理｜浮力的原理與應用、電磁作用的原理與應用

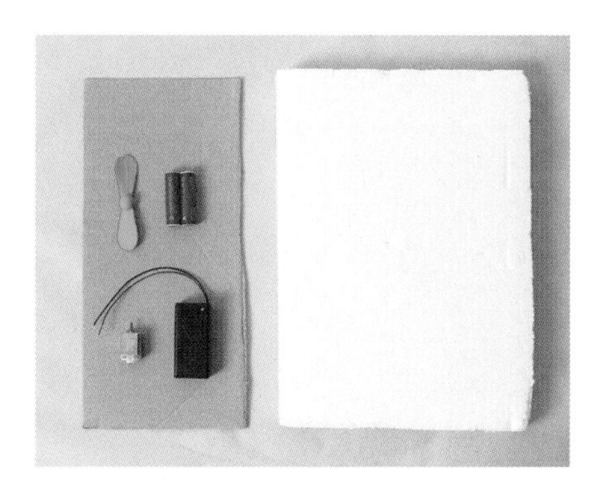

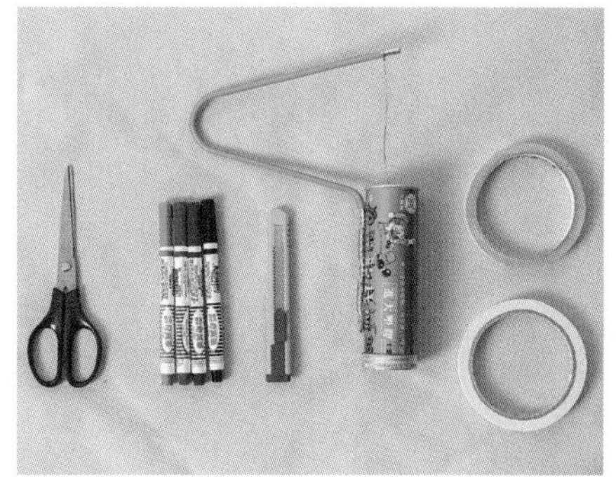

所需材料｜

A4 保麗龍	1 塊
3 號 2P 電池盒	1 個
3 號電池	2 顆
紙板	1 片
馬達	1 個
風扇	1 個

所需工具｜

保麗龍切割器
剪刀
美工刀
彩色筆
膠帶
雙面膠

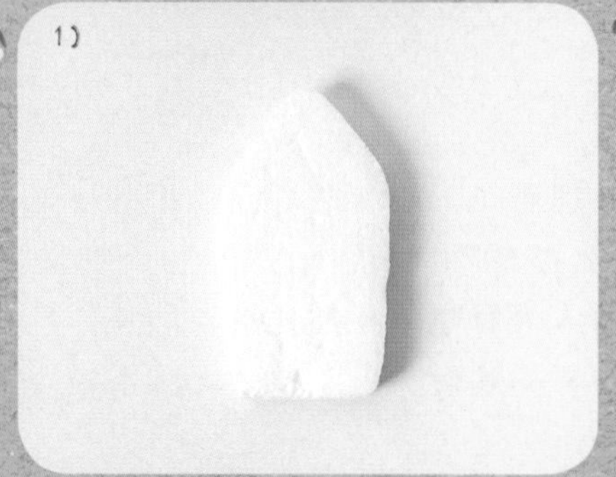

將保麗龍切割成船的形狀，船身長 21.5 公分。

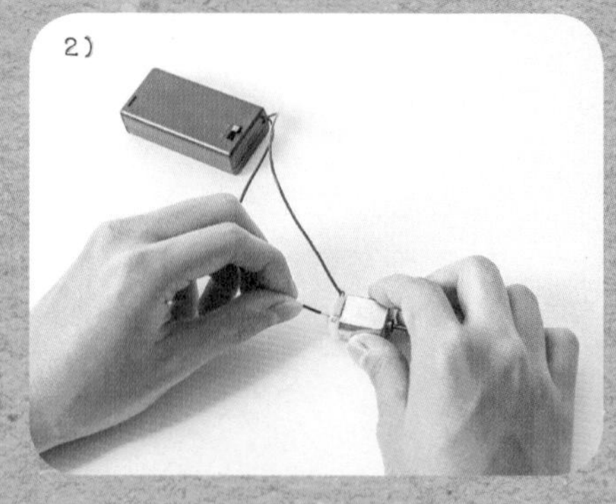

將電池放入電池盒，紅線接上馬達的正極、黑線接上馬達的負極。

將馬達轉軸插上風扇。

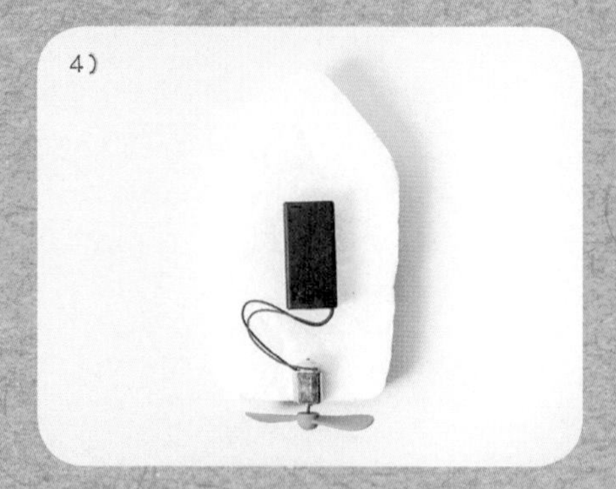

用雙面膠把馬達固定在船的尾端，讓風扇不會卡到保麗龍即可。

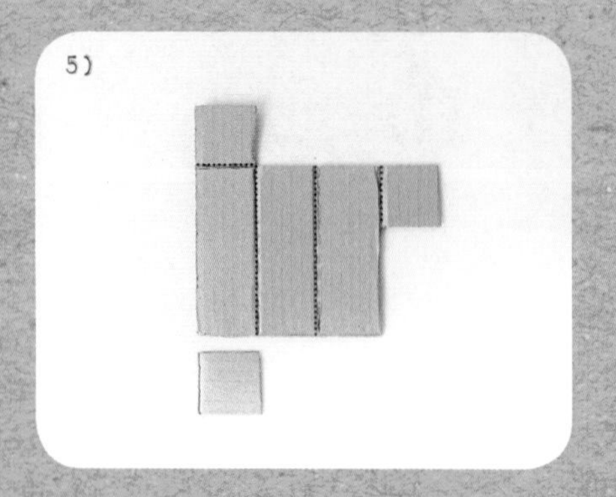

用紙板製作船艙，剪裁樣式如圖示，虛線處可用刀輕輕劃過會較方便摺。

把紙樣摺出船艙盒，並用膠帶將盒子邊緣的線貼好。紙盒表面加上一層透明膠帶就可以防水。

將電池盒放到船艙裡，記得要露出開關面。要留意擺放的重心位置，太偏一邊的話就可能會翻船。

用紙板剪裁出一個船艙蓋，並用膠帶黏在船艙上。用彩色筆為船身彩繪裝飾，即大功告成！

創意改造

水上型廢柴機器人的要點，除了要可以動之外，還要求不會沉到水裡，除非你是打算做潛水艇。因此，如何讓你的機器人可以平穩的浮在水面上，就是一個很重要的事情，要能浮在水面上的材料，不外乎使用保麗龍、空的寶特瓶、竹筷……等等，你可以試著改造船款的外型條件。

在動力部分，你也可以試試不同組合方式，像是利用小馬達加上風扇，或是靠電力划槳推動，或是利用橡皮筋的扭力搭配划槳，甚至也可以利用氣球洩氣時的作用力，做為你的機器人動力，看看哪一種水上飄的功力最好。

創造樂趣

舉辦一場水上機器人競速大賽，看看誰可以最快抵達終點？或是來個水中攻守大賽，兩組分別站在場地兩側，兩側設有達陣區，互相對撞攻擊，讓對方偏離軌道，並且讓你可以成功抵達對方的達陣區即獲勝！

如果不喜歡這種充滿攻擊性的比賽，你也可以在機器人的外表下工夫，看是要改造成豪華郵輪，還是在船面畫上喜歡的卡通圖案，新一代水上霸主就是你！

TOY # 14

迷你扭蛋機

媽媽稱讚弟弟今天的晚餐沒有挑食，
不但吃光青菜，也吃了紅蘿蔔。
說好不挑食的人就可以玩扭蛋機，
好期待，不知道扭蛋裡的獎勵品是什麼？

Maker 想什麼……

每次經過便利商店或地下街，看到一整排的扭蛋機，就讓人忍不住想掏出口袋裡的零錢，投一投，轉一轉，賭賭看從機器裡掉出來的蛋，會不會正是自己想要的那個玩具。哎，有時候真想直接搬一台機器回家呀！我決定乾脆來做一台扭蛋機，除了可以自己扭到開心，還可以把扭到不需要的再放回去，讓別人扭又可以賺一點零用錢，一舉兩得實在太划算啦！

難易度｜★★☆　　**所需時間**｜2 小時
製作年段｜三年級以上　　**科學原理**｜簡單的機械原理與應用

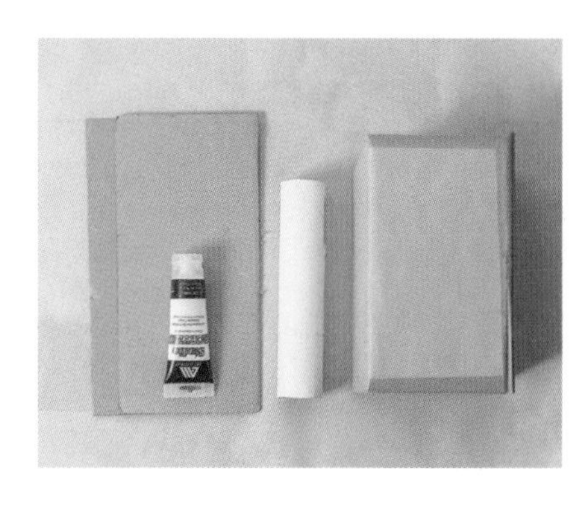

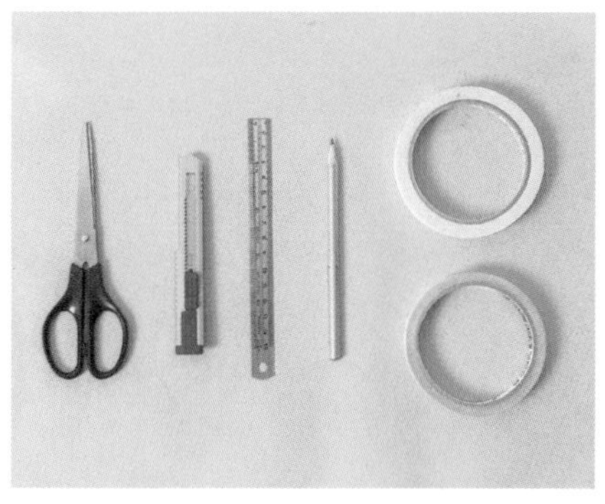

所需材料｜

紙盒　1 個（示範圖 23x15x14 公分）
餐巾紙捲筒　1 個（直徑 4.5 公分）
紙板　數片
透明片　1 片
顏料

所需工具｜

剪刀
美工刀
尺
鉛筆
雙面膠
膠帶

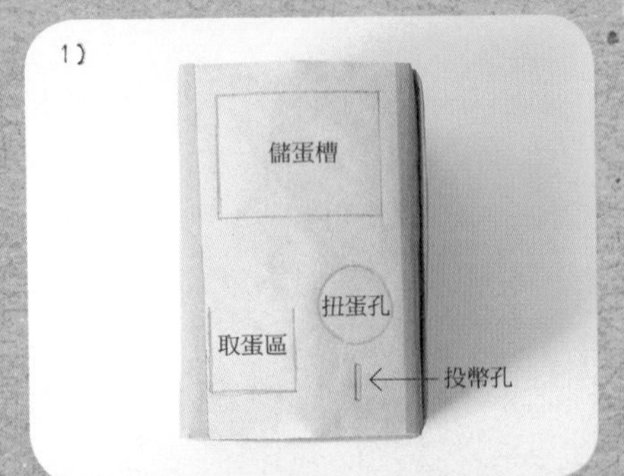

用鉛筆在紙盒上畫出：儲蛋槽、扭蛋孔、投幣孔跟取蛋區的位置，扭蛋孔的大小為餐巾紙捲筒的大小。

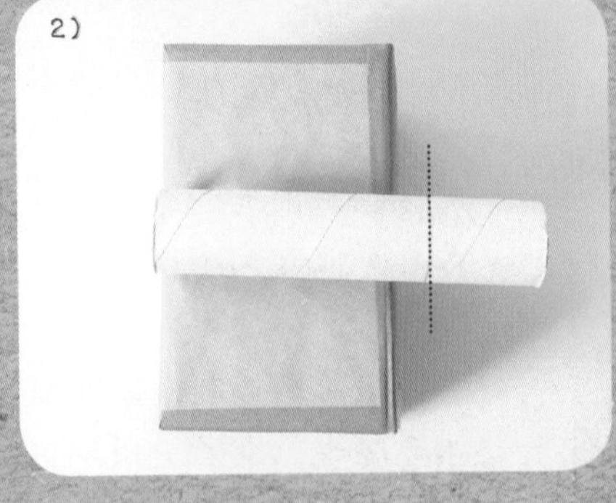

測量出餐巾紙捲筒的裁切長度，須為紙盒厚度（即高度 14 公分）再加上 2～3 公分。

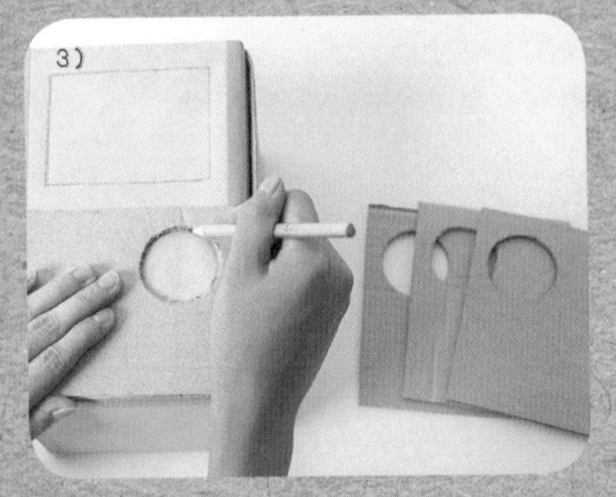

裁切 4 片紙板約 11x14.5 公分（寬幅比紙盒寬度略小 0.5 公分），並在右上方裁圓孔。圓孔即扭蛋孔位置。

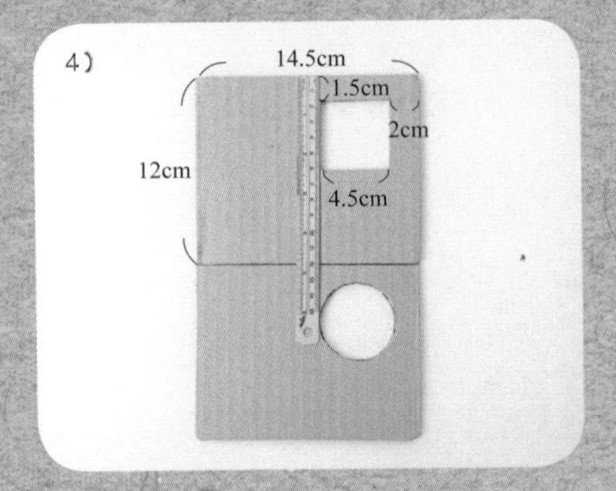

再裁切 1 片紙板約 12x14.5 公分，並在右上方裁方形孔約 4.5x4.5 公分（即餐巾紙捲筒的直徑長）如圖示。

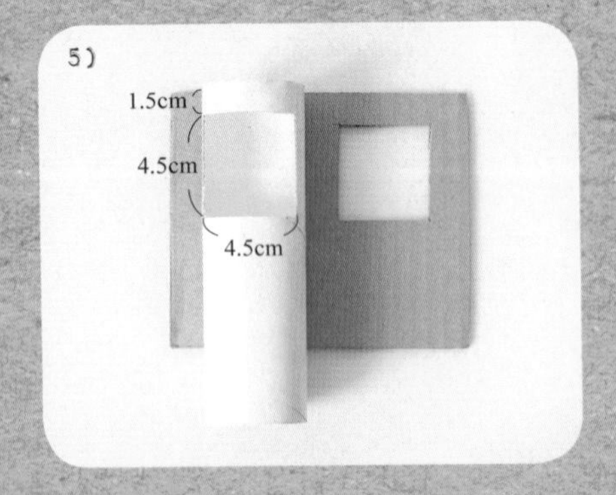

將步驟 ❷ 裁好的捲筒，切出的方形洞為 4.5x4.5 公分，頂端留 1.5 公分。

用膠帶封住捲筒內的上下兩邊洞口。

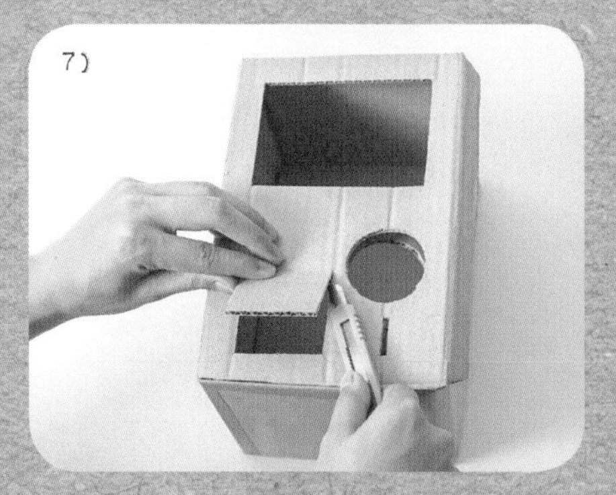

裁切紙盒的洞口：儲蛋槽、扭蛋孔、投幣孔跟取蛋區。需留意在取蛋區的地方，只要割「ㄩ字型」就好。

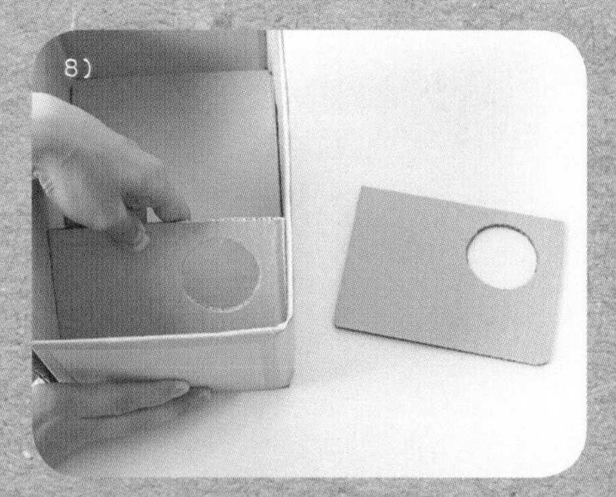

取 2 片步驟 ❸ 裁好的圓孔紙板，放入紙盒內部的最底端。

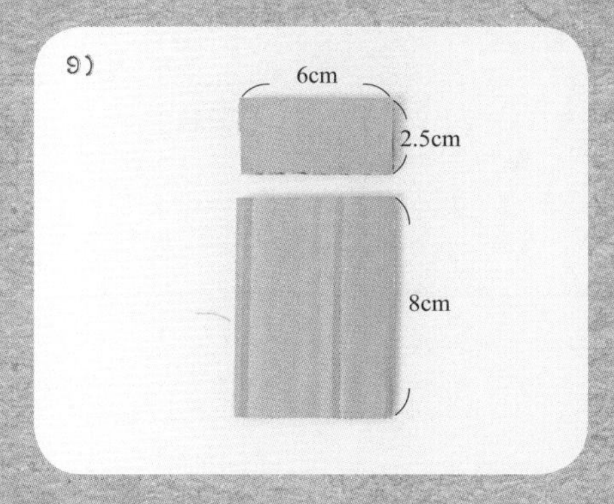

裁切2片小紙板，6x2.5 公分、6x8 公分，做為引道。

將步驟 ❾ 的小紙板，放入紙盒內部排成斜坡引道。用雙面膠貼牢小塊紙板，用膠帶貼住大塊紙板與紙盒。

再取 1 片步驟 ❸ 裁好的圓孔紙板，並在左下方裁切掉 7.5x7 公分的長方形，剛好能露出取蛋區的位置。

將步驟 ⓫ 完成的紙板，放入紙盒內部，抵住斜坡引道前方。

取出最後 1 片步驟 ❸ 裁好的圓孔紙板，用鉛筆畫出對應著紙盒投幣孔跟取蛋區的位置，並剪裁斜線區域。

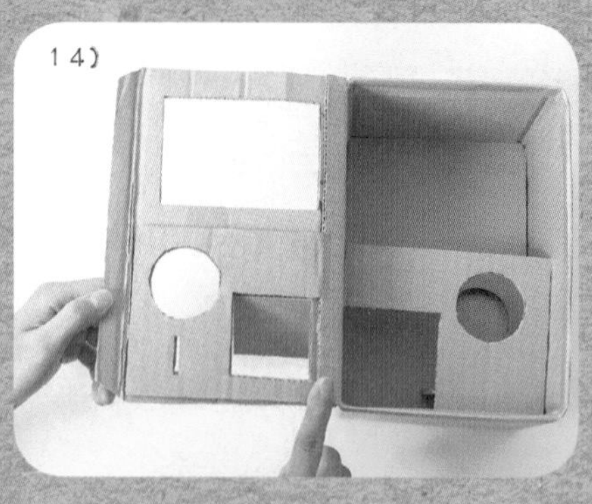

將步驟 ⓭ 完成的紙板，覆蓋在紙盒蓋的背面，並用雙面膠貼牢固定。

剪裁透明片約 13x10.5 公分，用雙面膠黏在紙盒蓋的背面。

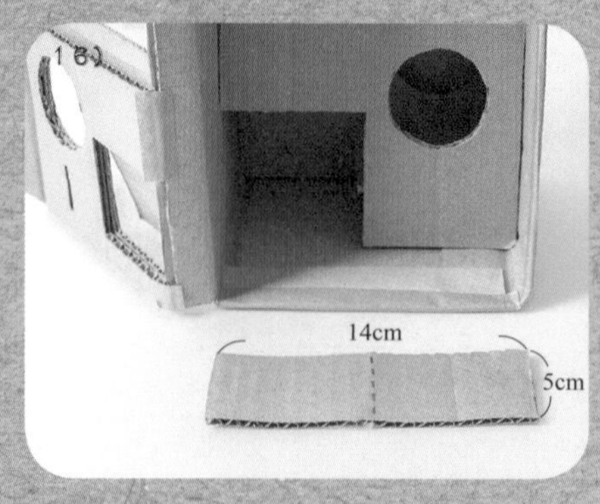

裁切 1 片長紙板約 14x5 公分（長度為紙盒的寬、寬度為紙盒內部剩下的距離）。

將步驟 ⓰ 完成的長紙板，對半摺出 L 形，用膠帶固定到盒蓋背面左下方。

取出步驟 ❹ 裁好的方孔紙板，放入紙盒內部，疊在其他紙板的上方。

將步驟❻完成的捲筒，安裝在扭蛋區位置。

用紙膠帶將捲筒的洞口封住，扭蛋機即大功告成！

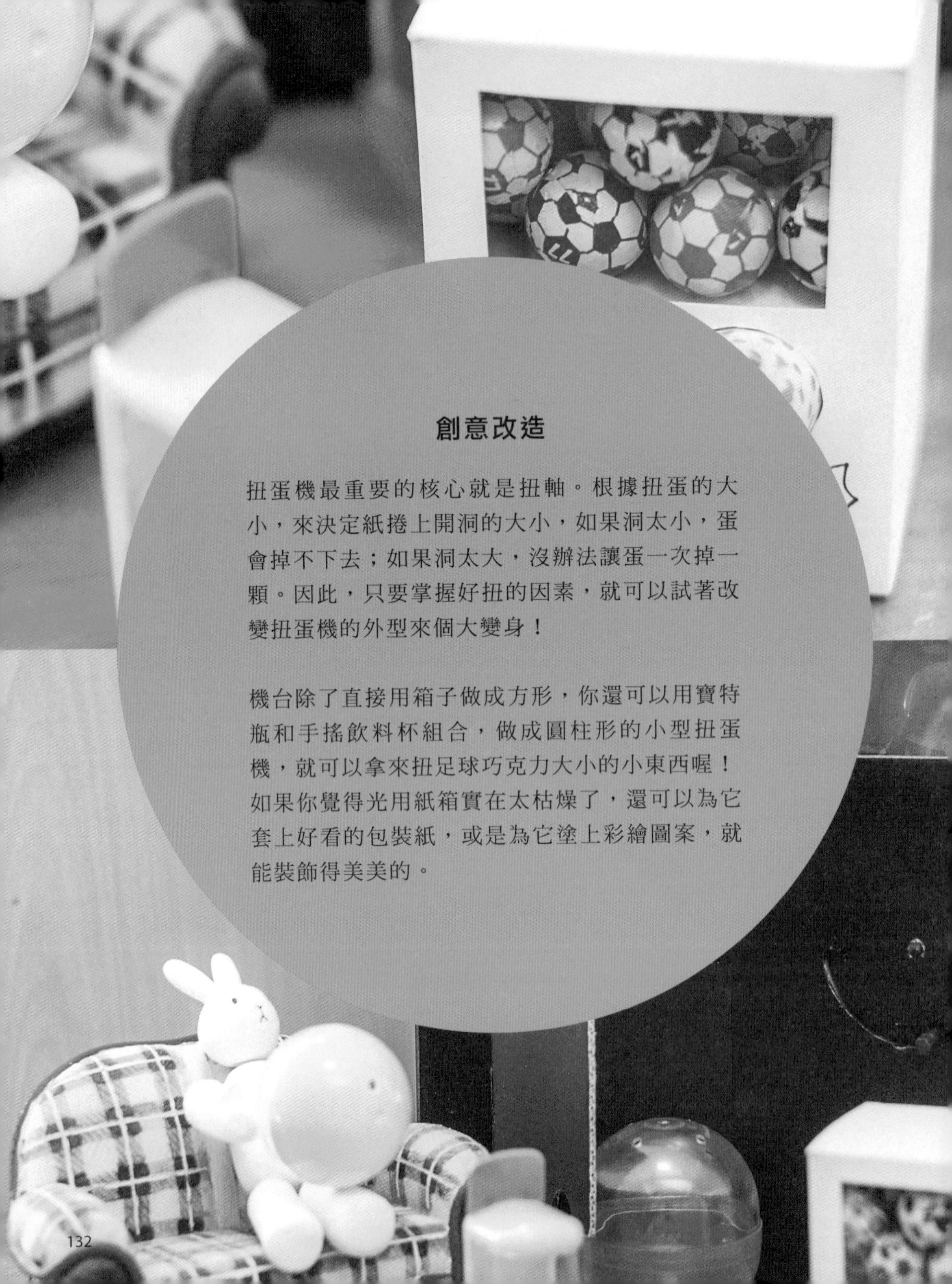

創意改造

扭蛋機最重要的核心就是扭軸。根據扭蛋的大小，來決定紙捲上開洞的大小，如果洞太小，蛋會掉不下去；如果洞太大，沒辦法讓蛋一次掉一顆。因此，只要掌握好扭的因素，就可以試著改變扭蛋機的外型來個大變身！

機台除了直接用箱子做成方形，你還可以用寶特瓶和手搖飲料杯組合，做成圓柱形的小型扭蛋機，就可以拿來扭足球巧克力大小的小東西喔！如果你覺得光用紙箱實在太枯燥了，還可以為它套上好看的包裝紙，或是為它塗上彩繪圖案，就能裝飾得美美的。

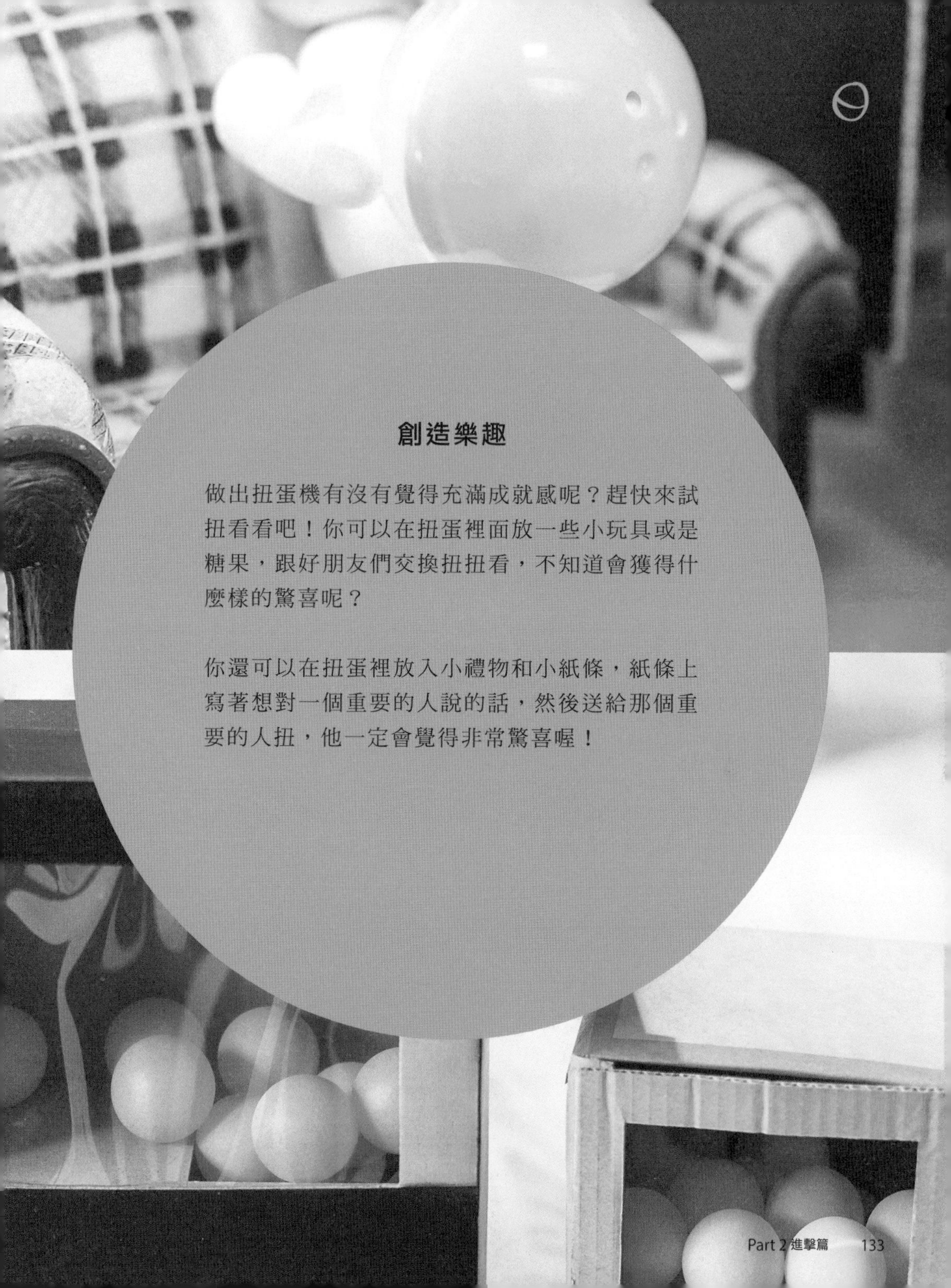

創造樂趣

做出扭蛋機有沒有覺得充滿成就感呢？趕快來試扭看看吧！你可以在扭蛋裡面放一些小玩具或是糖果，跟好朋友們交換扭扭看，不知道會獲得什麼樣的驚喜呢？

你還可以在扭蛋裡放入小禮物和小紙條，紙條上寫著想對一個重要的人說的話，然後送給那個重要的人扭，他一定會覺得非常驚喜喔！

PART 3

高階篇

難易度 ★★★

3D 迷你檯燈

3D 迷你光劍

鋼鐵人方舟反應爐

TOY # 15

3D 迷你檯燈

啊～天黑了，四周好暗，看不清楚。
小檯燈咚咚咚跳出來，喀嚓一聲，亮燈。
溫暖的橘黃色燈光，驅趕了黑暗，
有了光，就什麼都不怕了！

QR親子一起動手做，
在家就能開Maker Party！

Maker 想什麼……

大家看到這盞小檯燈有沒有覺得很眼熟？沒錯！它的原型就是皮克斯動畫裡的可愛小檯燈。每次看皮克斯動畫時，電影片頭會有一隻檯燈頑皮的跳來跳去，它就是皮克斯動畫工作室的吉祥物，這麼可愛的吉祥物我也好想擁有一隻，於是決定運用 3D 列印技術，讓自己如願以償！

難 易 度｜★★★
所需時間｜2.5 小時
製作年段｜五年級以上
科學原理｜電學的原理與應用

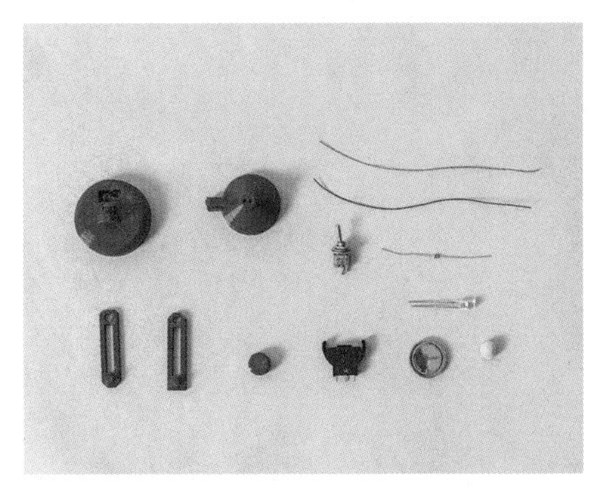

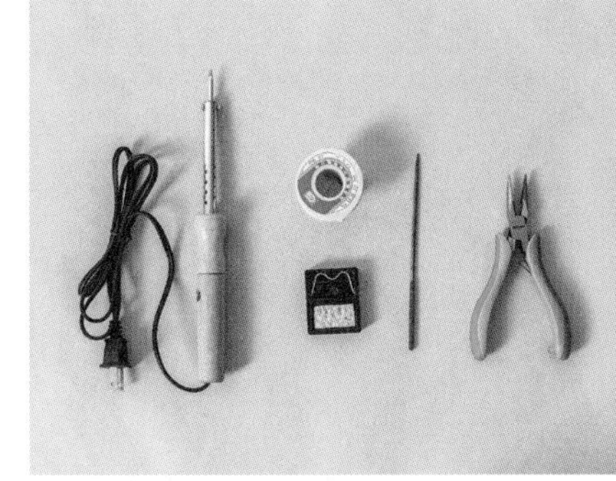

所需材料｜

3D 列印檯燈零件　1 組
高亮度 LED　1 個
12 公分 OK 線（銀絲線）或漆包線 2 條
1/8 W30 歐姆電阻　1 個
CR2032 水銀電池盒 1 個
CR2032 水銀電池　1 顆
撥動開關　1 個
萬能美術黏土

所需工具｜

烙鐵和烙鐵架
焊錫
銼刀
尖嘴鉗

※ 烙鐵溫度非常高
　使用時請務必小心安全

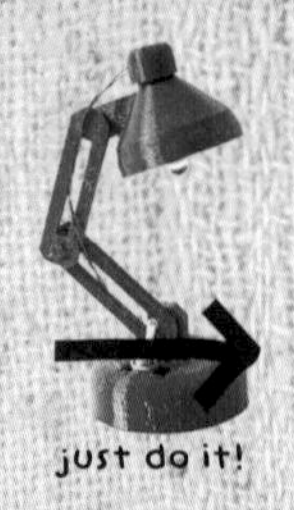

用尖嘴鉗剝除檯燈底座內部的支撐材。

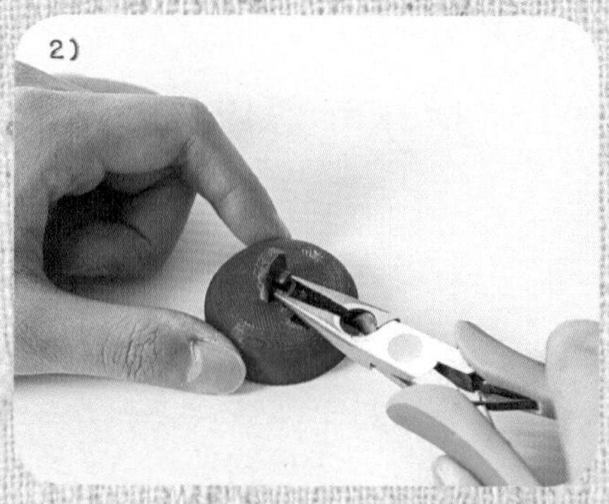

檯燈底座表面與檯燈支架固定部分的下方，也需要剝除乾淨。

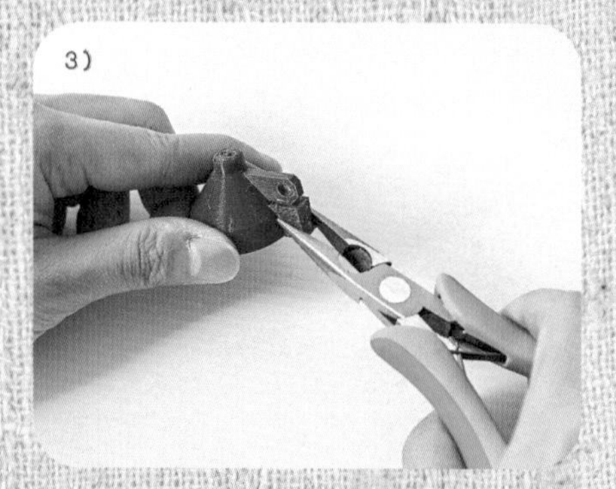

用尖嘴鉗剝除檯燈燈罩的支撐材。

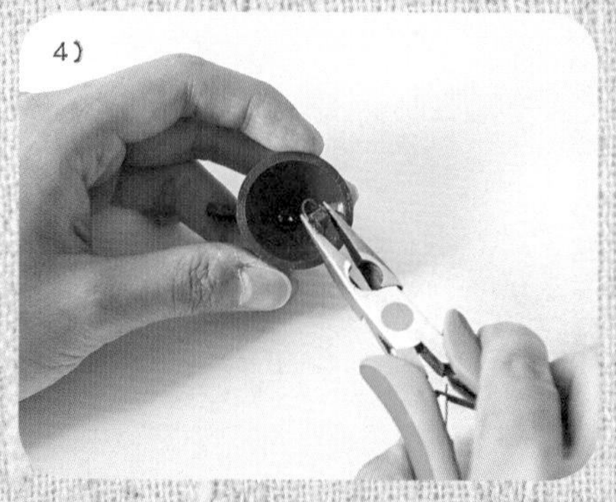

檯燈燈罩內部與燈罩支架連接處的下方，也需要剝除乾淨。

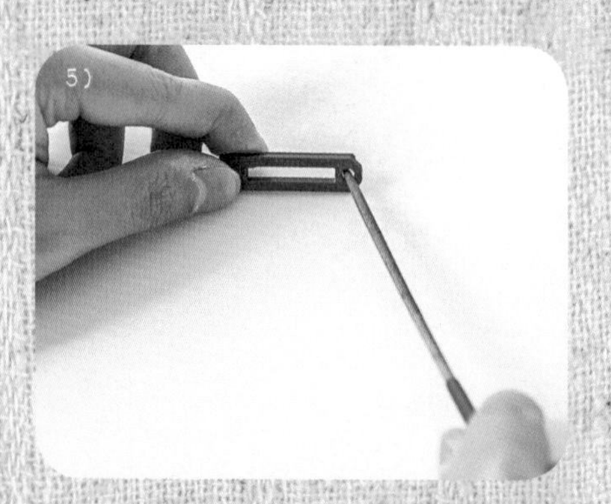

用銼刀打磨檯燈支架的圓孔，調整適當鬆緊度。要留注意別硬塞，不然會造成支架斷裂。

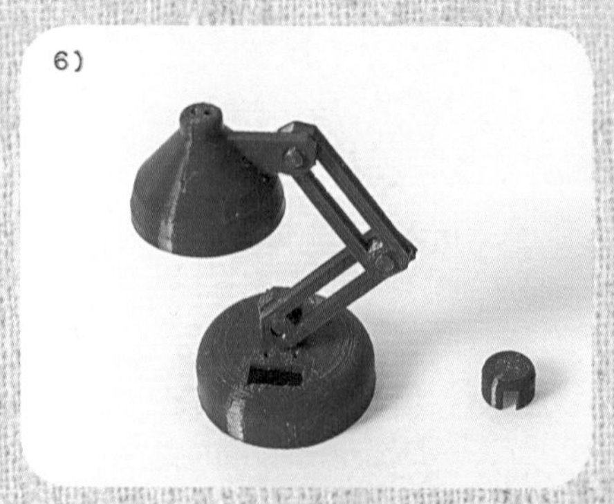

將檯燈各個零件組裝好。

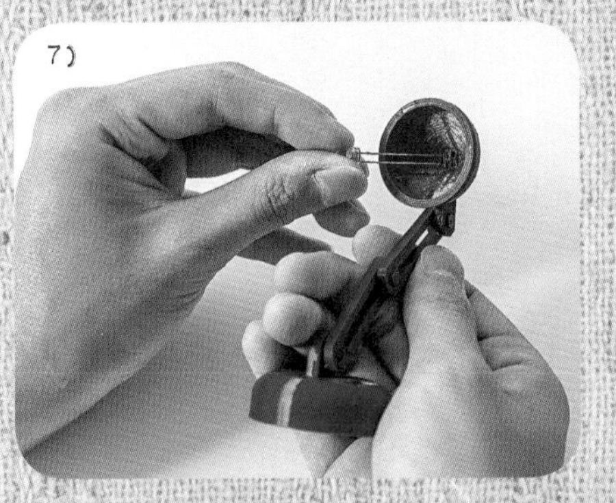

將 LED 插入燈罩，長腳在上，短腳在下。LED 插入的位置與燈罩切平。

LED 長腳往左折，短腳往右折。

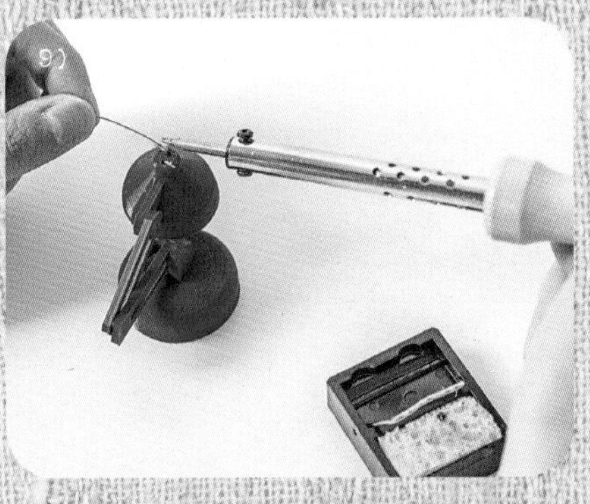

烙鐵架的海綿沾濕，烙鐵先預熱。再將紅線（正極）焊在 LED 長腳（左邊）。

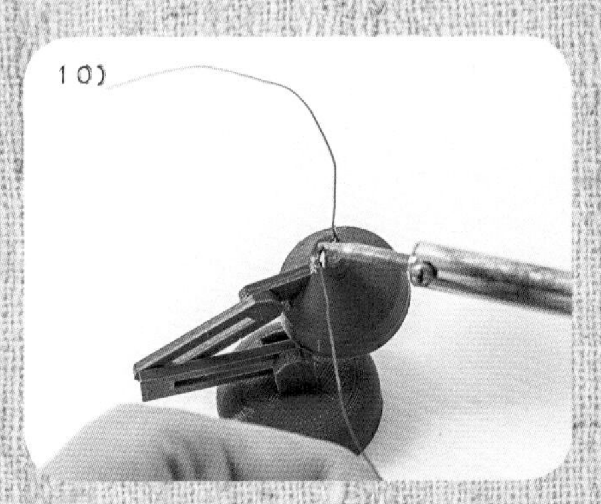

接著用烙鐵將黑線（負極）焊在 LED 短腳（右邊）。

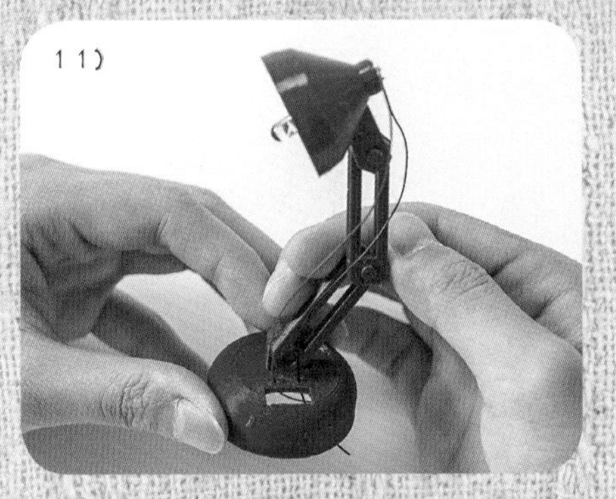

將紅線及黑線穿過檯燈底座的洞孔。

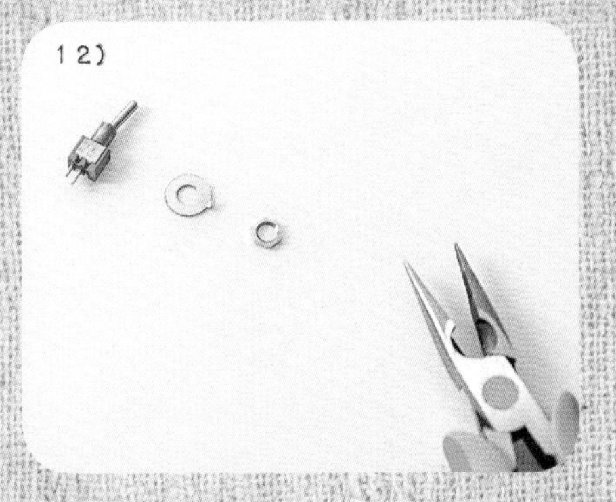

用尖嘴鉗拆解開關，拆解出來的零件分別是切換桿、鐵片、螺帽。

取下螺帽備用，再將開關組裝回去。

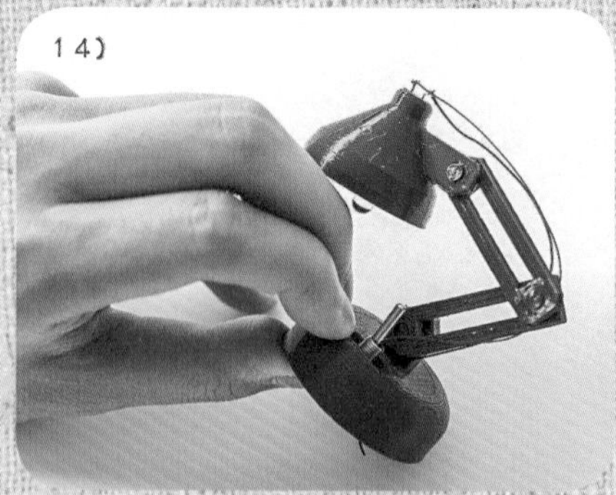

將開關由內往外卡進燈座的孔洞。

然後用尖嘴鉗將螺帽安在燈座開關上並旋緊。

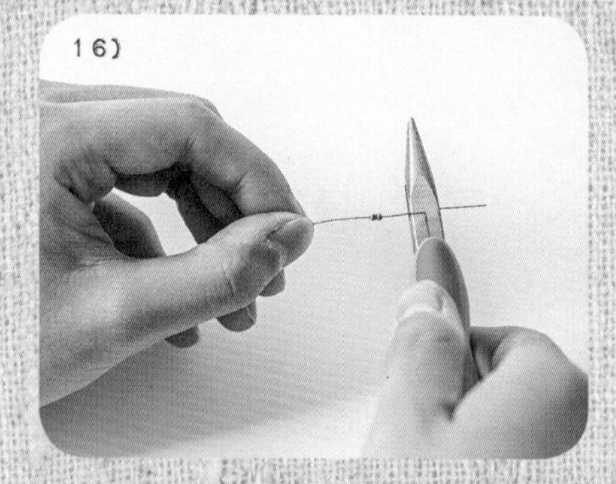

用尖嘴鉗將電阻兩端的金屬線，都各剪掉一半。

用烙鐵將黑線焊在開關最右邊的針腳上。

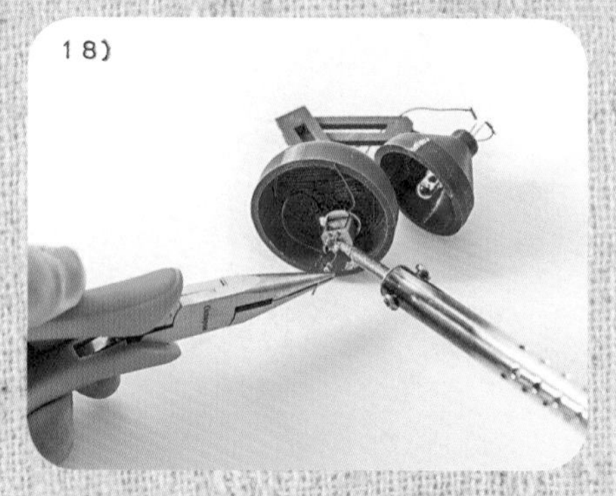

用烙鐵將電阻線一端焊在開關的針腳上。

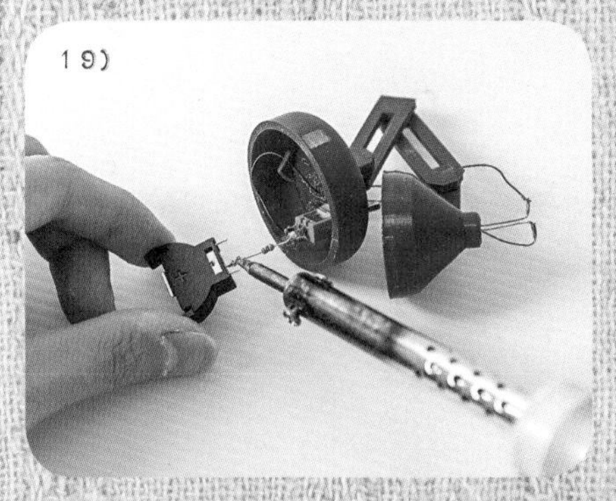

用烙鐵將電阻線的另一端焊在鈕扣電池座的負極。

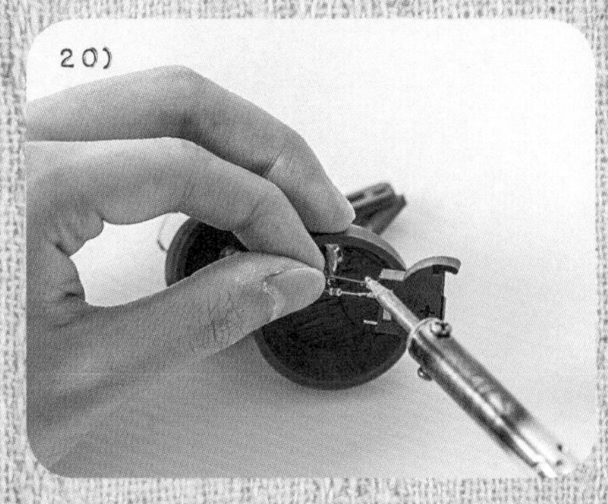

用烙鐵將紅線焊在鈕扣電池座的正極。

先把水銀電池塞入電池座，再用黏土將電池座固定在檯燈底座。

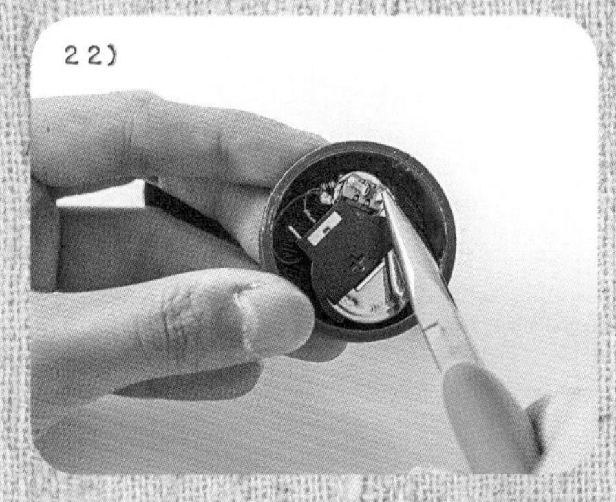

用尖嘴鉗把底部突出的金屬接腳壓平。

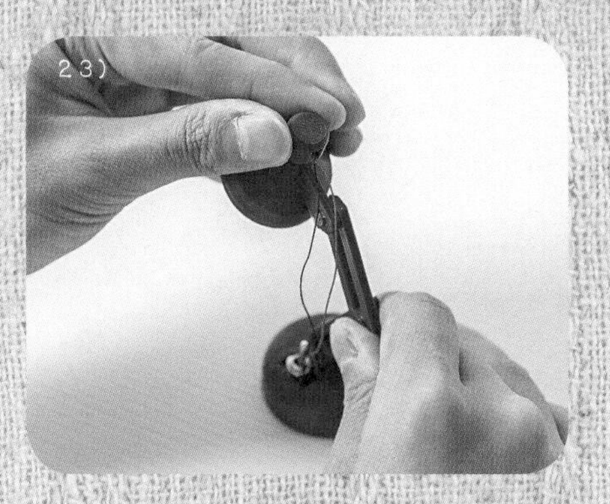

將燈罩的遮蓋裝上，如果太鬆可用黏土固定。

將兩條電線輕輕扭轉成麻花辮的樣子，即大功告成！注意不要轉得太緊，以免造成焊接部分脫落。

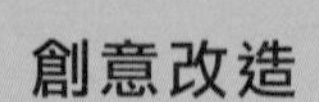

創意改造

這組檯燈零件是利用 3D 建模後列印出來的，列印出來的零件還需要使用砂紙、銼刀等工具來打磨表面，然後再加上最基本的電路，才讓它變成真的可以用的迷你檯燈。

如果想要改變檯燈本來的顏色，或是想要加上花紋、圖案，那麼可以用壓克力顏料進行著色。不過，必須注意的是，不要加太多水！因為過稀的顏料會暈開，而且很難塗上去。當然，如果你已經是個高手，噴漆其實是最好的上色方式。

此外，隨書附上的小檯燈 3D 檔案，小朋友可以試試看，幫檯燈加個耳朵或尾巴，做成可愛的動物造型檯燈，一定會更有趣喔！

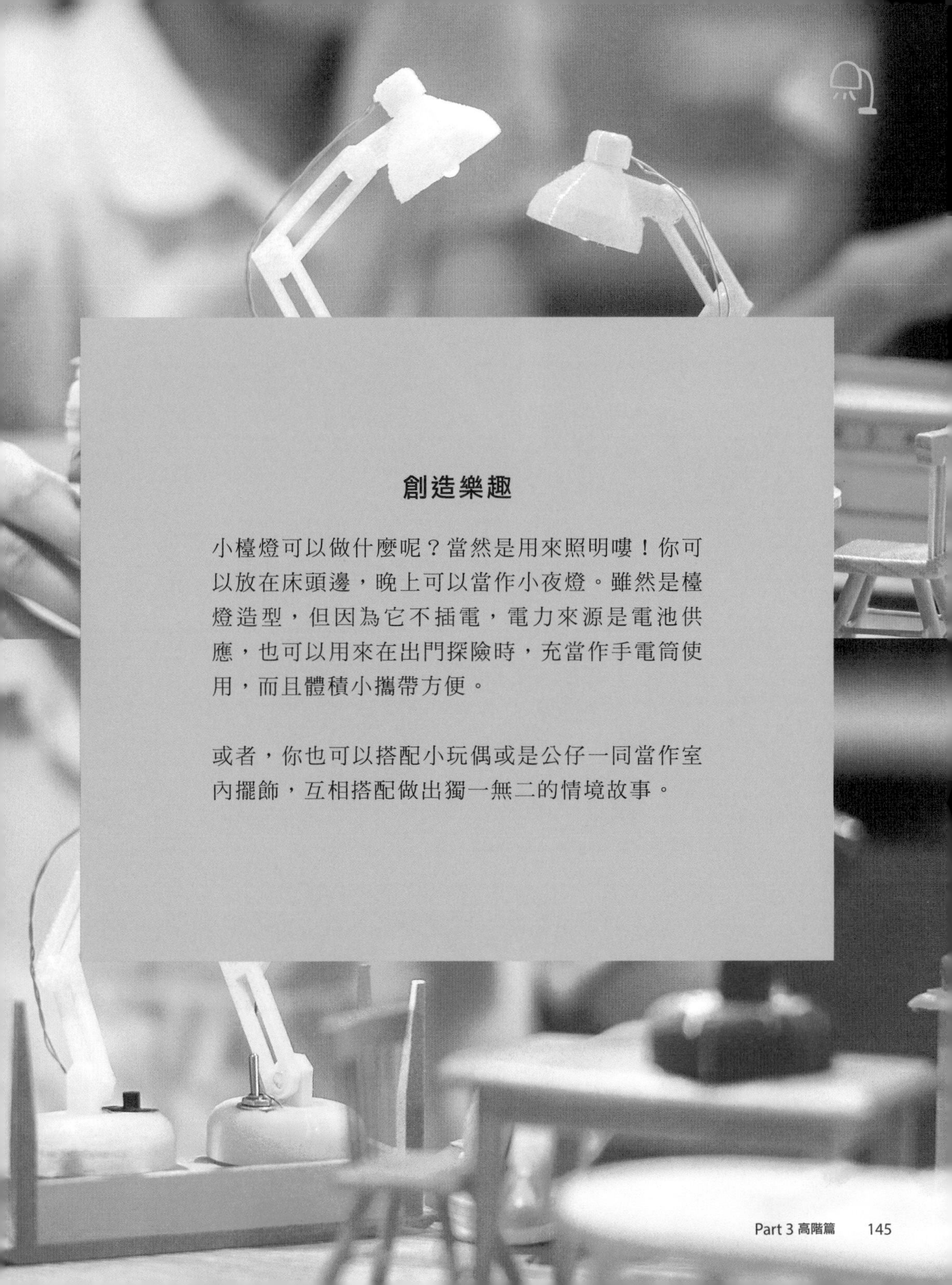

創造樂趣

小檯燈可以做什麼呢？當然是用來照明嘍！你可以放在床頭邊，晚上可以當作小夜燈。雖然是檯燈造型，但因為它不插電，電力來源是電池供應，也可以用來在出門探險時，充當作手電筒使用，而且體積小攜帶方便。

或者，你也可以搭配小玩偶或是公仔一同當作室內擺飾，互相搭配做出獨一無二的情境故事。

TOY # 16

3D 迷你光劍

QR親子一起動手做，
在家就能開Maker Party！

來啊！決戰時刻終於到了！
為了爭奪母親節大餐去哪兒吃的決定權，
我和爸爸準備來一場華山論劍。
快祭出我那最閃耀的光劍，迎戰吧！

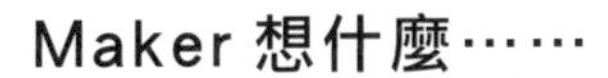

Maker 想什麼……

當初會想要做光劍玩具，是因為看到《鋼彈》動畫及《星際大戰》電影中，雙方拿著會發光的武器互相揮動對峙，覺得十分帥氣，因此有了製作光劍的念頭。然而，一般光劍長度都接近 150 公分長，而且重量也滿重的，並不適合小朋友把玩，所以試著改良一番，就有了這把安全又好玩的兒童專用光劍。

難易度｜★★★
製作年段｜四年級以上
所需時間｜2.5 小時
科學原理｜光學的原理與應用
電學的原理與應用

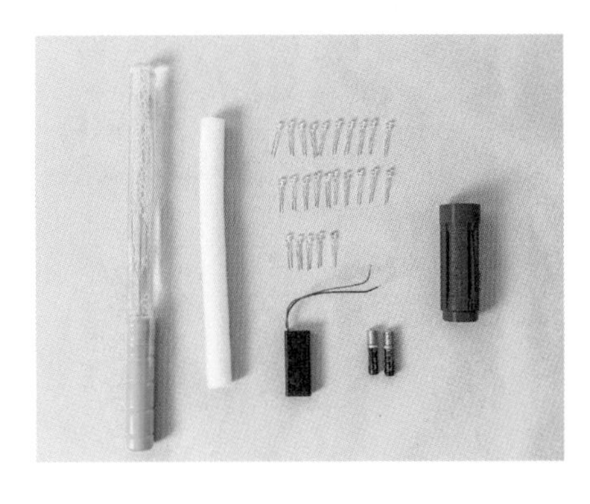

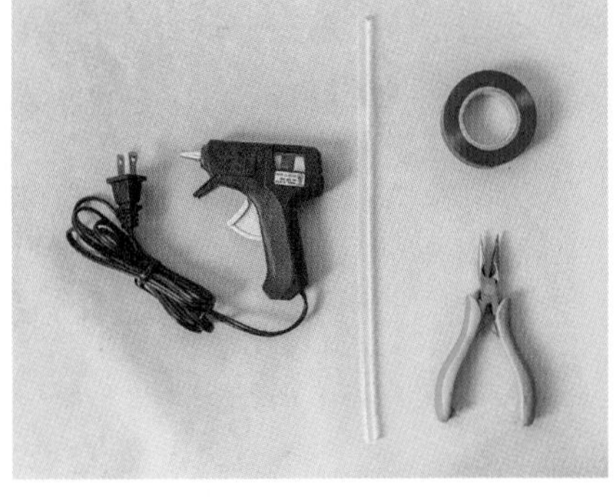

所需材料｜

外徑 20mm 內徑 10mm 的 25 公分泡棉管 1 支
長度 40 公分的泡泡棒 1 支
長度 11 公分的 3D 列印手柄 1 個
高亮度 5mm LED　25 個
4 號 2P 電池盒　1 個
4 號電池　2 顆

所需工具｜

熱熔槍和熱熔膠條
尖嘴鉗
絕緣膠帶

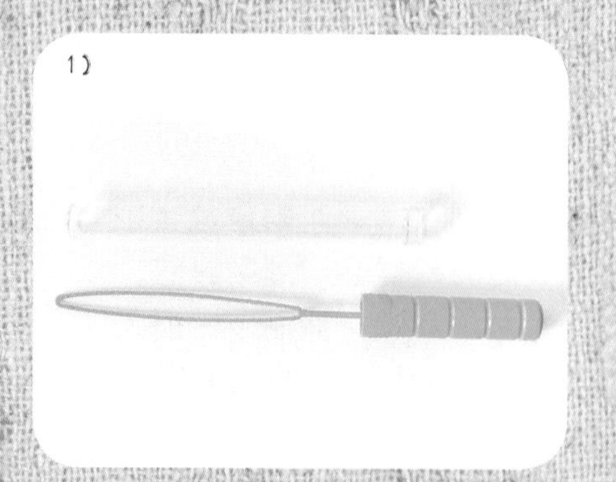

倒掉泡泡棒裡面的肥皂水，用水將管子沖洗乾淨，並把管子內外都擦乾。

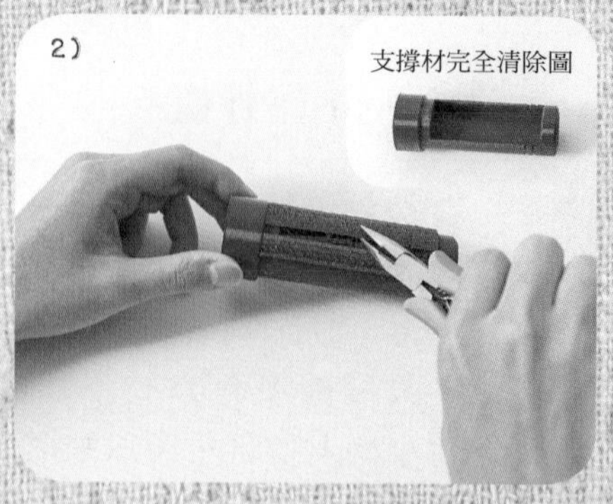

用尖嘴鉗將 3D 列印手柄的支撐材剝除乾淨。

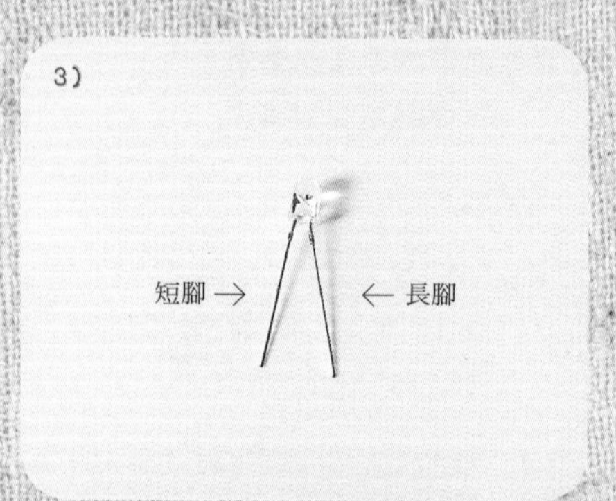

拿出一顆 LED，將短腳放左邊，長腳放右邊，把LED的接腳打開約30度角。

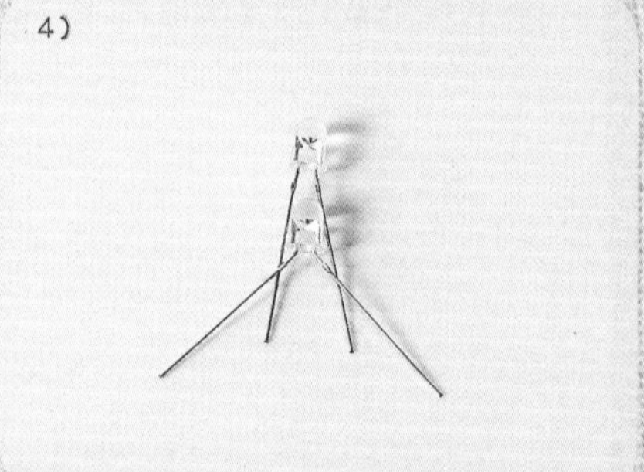

拿出第二顆 LED，同樣是短腳在左、長腳在右，把接腳打開約 90 度角，放在第一顆 LED 下面。

用尖嘴鉗把兩顆 LED 的短腳扭在一起、長腳也扭在一起，如圖所示。

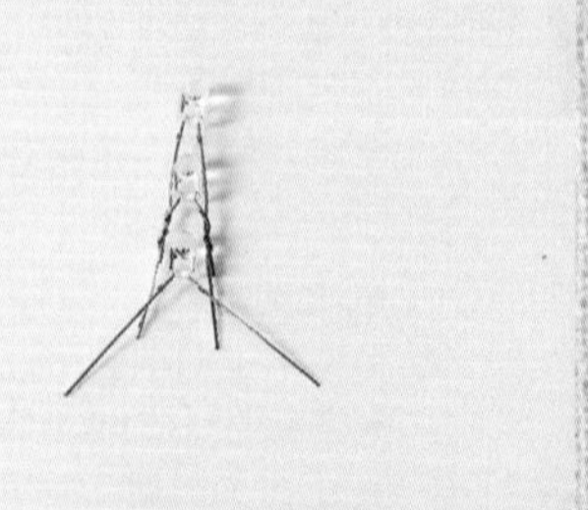

將剩下的 LED 繼續重複步驟❹～❺的串連與扭接動作，需留意所有的 LED 都是短腳在左邊、長腳在右邊。

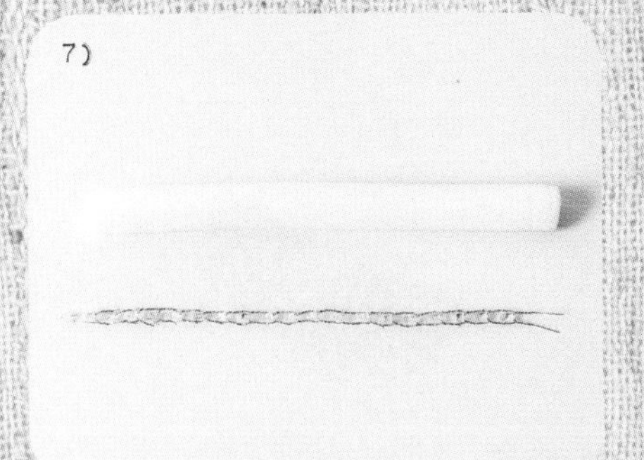

將 LED 燈串成跟泡棉管差不多長度。

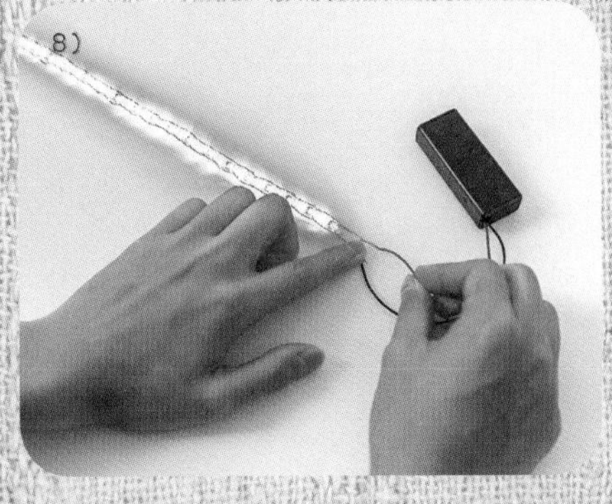

將電池裝入電池盒，黑線（負極）接燈串左邊的短腳，紅線（正極）接燈串右邊的長腳，燈要全亮才正確。

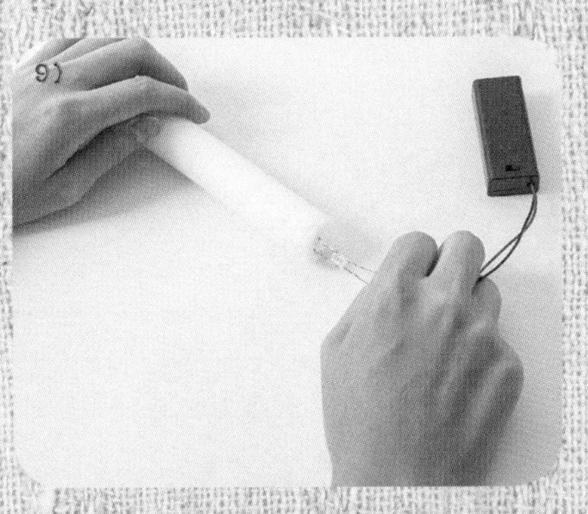

將燈串塞進泡棉管裡面，檢查燈串接腳會不會太扭曲或太寬而塞不進去、燈串長度是否足夠。

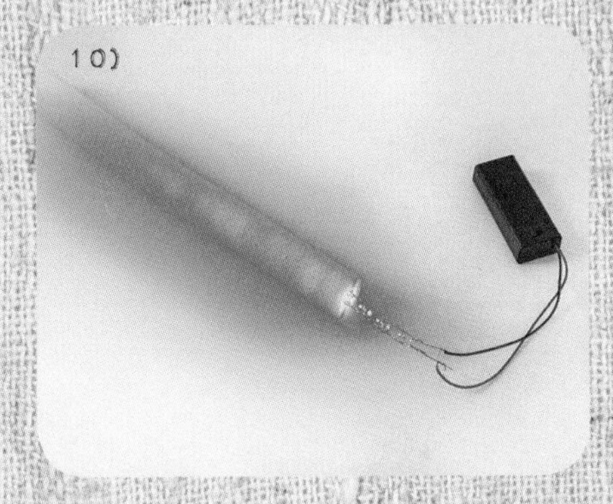

再次連接電線，測試燈串在泡棉管內的光線是否均勻。

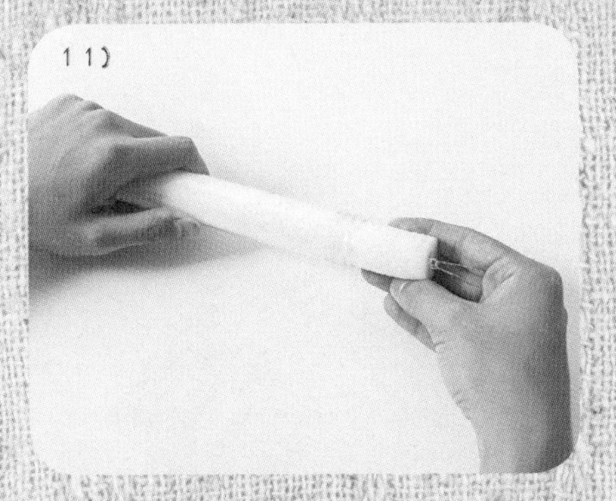

檢查完燈串後，先把燈串抽出，將泡棉管塞進泡泡棒裡。可以把泡棉管稍微拉一拉會比較好塞。

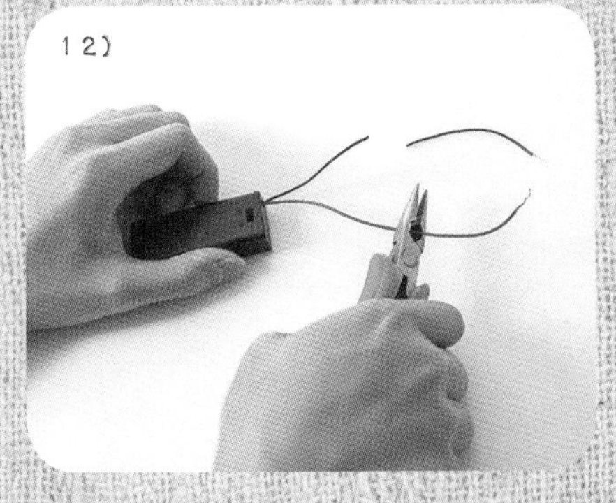

用尖嘴鉗將電池盒的電線剪短至大約 6 公分。

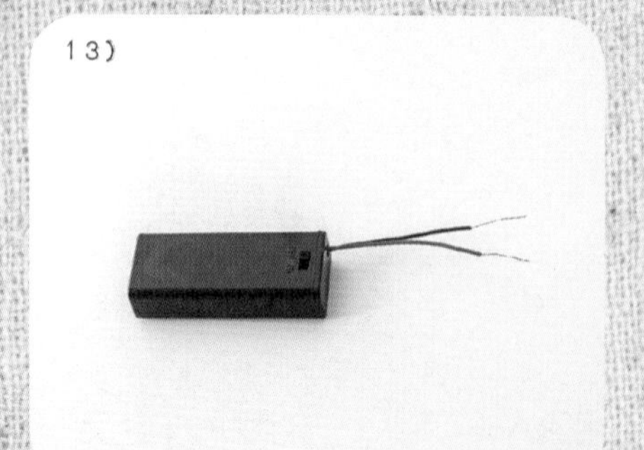

電池盒的前端電線需剝掉外緣皮，約 1 公分左右。

將電池盒的開關面朝外，放進光劍柄內部，電線穿過劍柄上的洞孔。

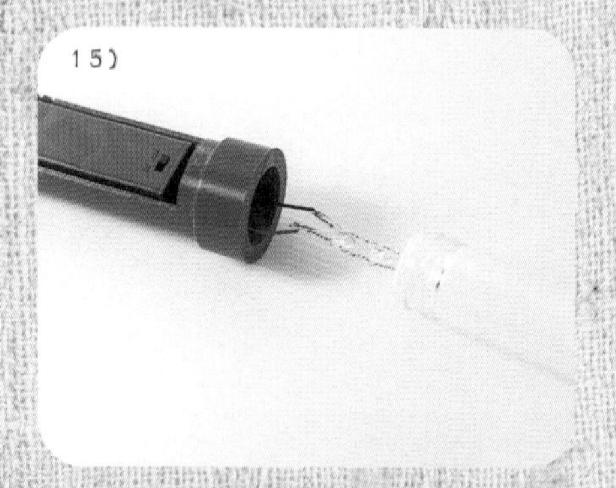

將黑色電線和 LED 燈串的短腳扭在一起，紅色電線和長腳扭在一起。

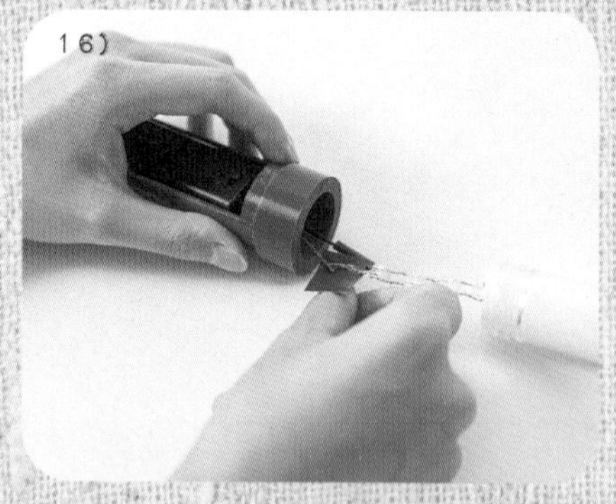

用絕緣膠帶將電線和金屬的接腳貼起來，以免金屬部分因相互碰到而造成短路現象。

用熱熔膠槍把電池盒背面黏到光劍柄上，電池盒開關面依舊是朝外的。

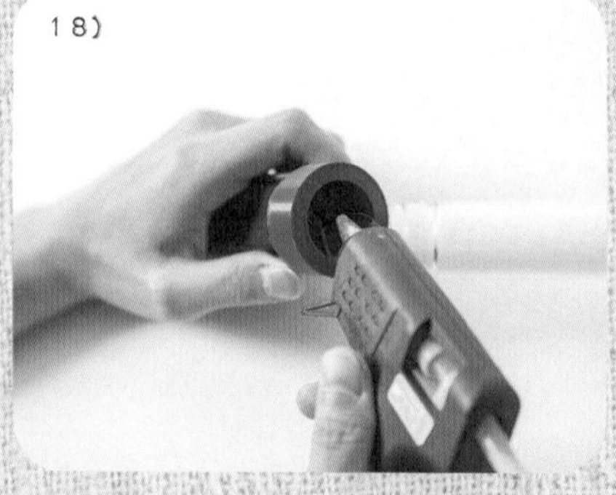

在劍柄的底部，擠一圈熱熔膠。

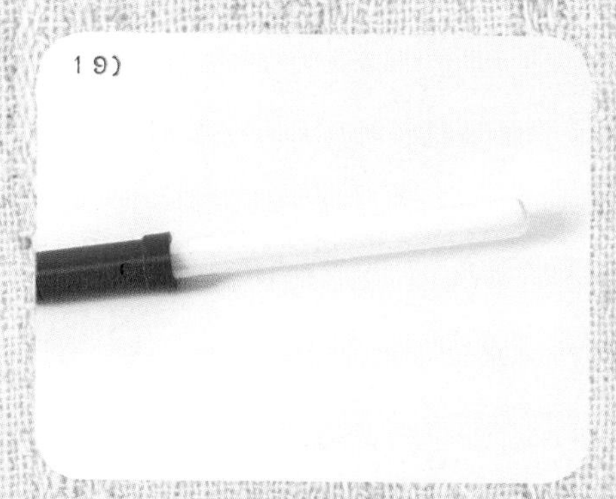

然後將泡泡棒插進劍柄裡面。

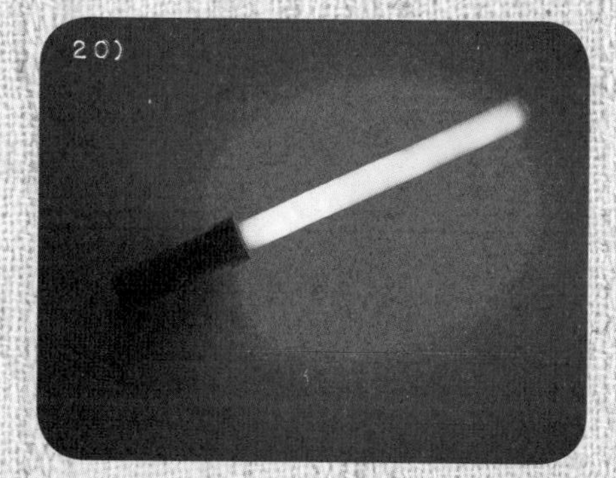

等熱熔膠乾了之後，就大功告成！開啟開關，光劍就會發光。

MOUSE

創意改造

光劍的誕生，主要在於那一根長長的發光燈管概念。既然擁有明亮的亮度、漂亮的顏色，那麼還可以拿它來做什麼呢？做成檯燈等燈具，似乎是個不錯的選擇喔！或是拿來取代交通指揮棒，也會有很好的效果。

事實上，光劍和交通指揮棒最大的差異，就在於LED的均勻度，因為光劍的製作使用了非常多的LED，因此不論是亮度或發光的均勻度，都會比交通指揮棒只看來一截一截的效果，來得好很多。

另外，如果覺得光劍長度有點短的話，也可以試著把光劍加長，或是做成雙頭光劍，這樣光劍的氣勢也會跟著提升。

創造樂趣

如果只有一支光劍能怎麼玩呢？可以試試用相機拍下揮動時的樣子，如果順利的話，就能拍到光劍漂亮的揮動效果。

或者，你也可以做出更多把光劍，和父母及同學來場光劍對決大賽吧！試著把對方的攻擊都用光劍擋下來，碰到光劍以外的地方就算出局，看看到底最後誰能生存下來成為光劍大師呢？

TOY # 17

鋼鐵人方舟反應爐

勇士們，自己的國家自己救，
製作自己的武器裝備，
就從核心反應爐開始！
我的名字是小小 Iron Man！

QR親子一起動手做，
在家就能開Maker Party！

Maker 想什麼……

相信很多人都有看過《鋼鐵人》電影，看著鋼鐵人在空中飛來飛去、所向無敵，真是太羨慕了。尤其是胸前自帶夜燈功能的反應爐，實在是非常帥氣，讓我忍不住也想要幫自己裝一個反應爐來玩。雖然要它發電什麼的，我們這些小平民目前大概是辦不到，但視覺效果絕對能驚豔全場！

難 易 度｜★★★　　**所需時間｜ 2 小時**
製作年段｜五年級以上　　**科學原理｜光學的原理與應用**
電學的原理與應用

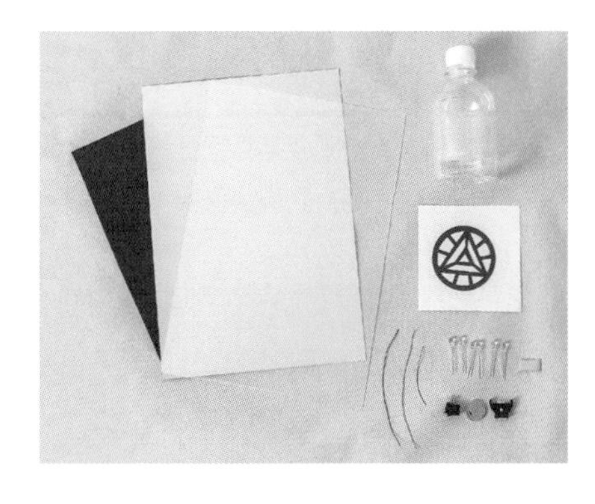

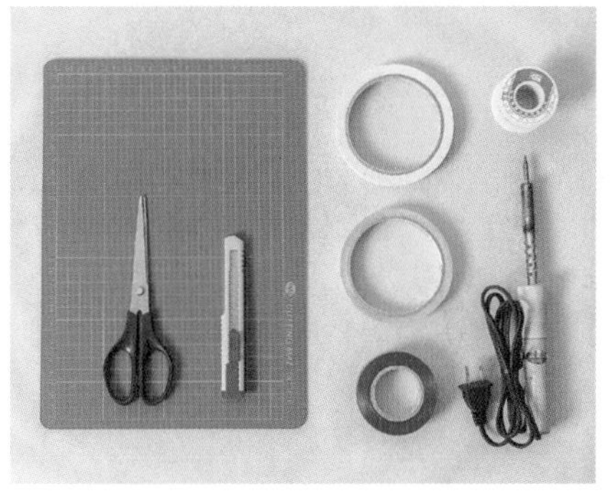

所需材料｜
厚度 0.5 公分的泡棉（顏色不拘）1 片
銀色卡紙　1 張
霧面塑膠片 1 張
印好的紙模 1 張（參見 QR Code）
小型寶特瓶 1 個
白光 LED　6 個
銀絲線　3 條（12 公分、12 公分、6 公分）
CR2032 鈕扣電池 1 顆
CR2032 鈕扣電池盒 1 個
開關　1 個
美術黏土　1 塊

所需工具｜
切割墊
剪刀
美工刀
銲錫
烙鐵
雙面膠
膠帶
絕緣膠帶

切開寶特瓶中段，切割出 2 公分高度的圓環，邊緣要修整乾淨防止割傷。

將列印紙模墊在銀色卡紙上，用美工刀照著圖案割下。

比照銀色紙模的圓形大小，將黑色泡棉、銀色卡紙、霧面塑膠片，各裁出 3 個圓。黑色圓形泡棉需裁得略小。

將剩下的銀色卡紙，剪下一個寬約 2 公分的長條，並在中央割出一個洞孔約 6.8x1.3 公分，以露出開關。

用雙面膠將割好的銀色紙模，由上往下黏在圓形的霧面塑膠片上。

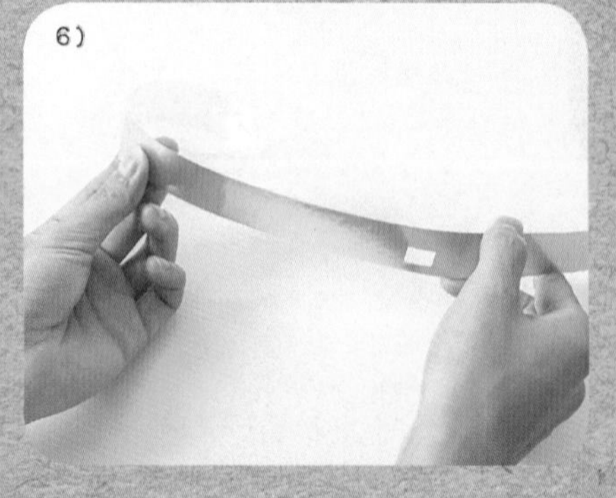

將銀色長條紙繞著寶特瓶環圍一圈，先暫時用雙面膠固定，不要黏死。

用美工刀也在寶特瓶開個同樣大小的長方形洞孔。

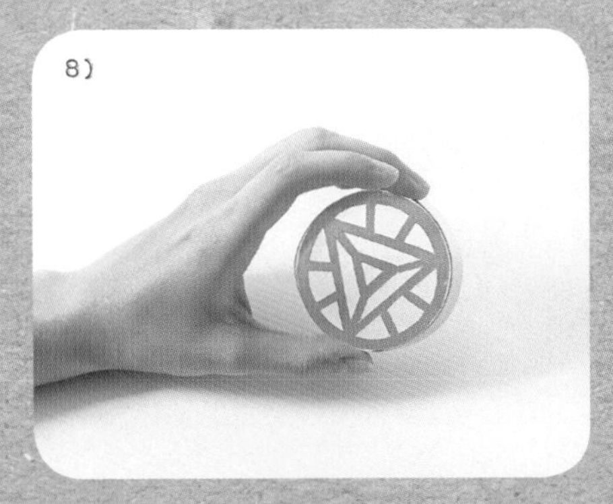

完成後將寶特瓶環拿掉，只保留銀色圓環，再把步驟❺完成的紙模片覆蓋在環上。

將紙模片與圓環的連接處，用膠帶從裡面固定好。

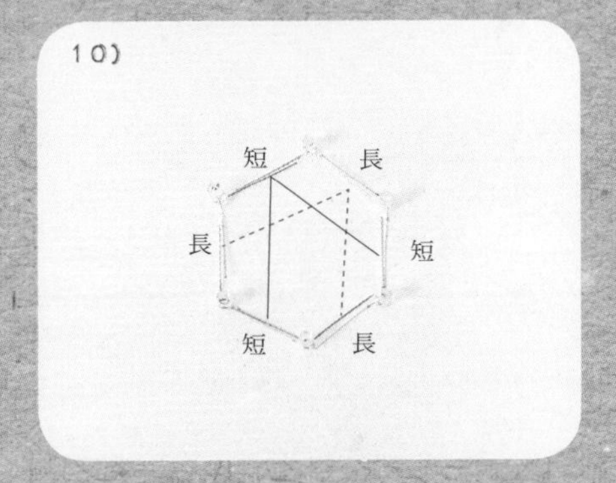

依圖示，將 6 個 LED 張開約 120 度角，長腳對長腳、短腳對短腳，排成六角形，大小會比黑色的圓形泡棉略小。

用烙鐵把 LED 燈腳焊在一起。再將 3 邊長腳與 3 邊短腳，各用一條 12 公分電線串連，連接處焊接固定。

將開關安裝到圓環的洞孔。

just do it!

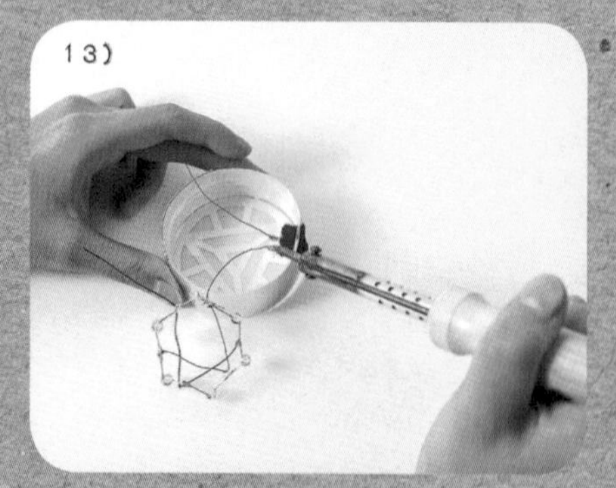

將步驟 ⓫ 焊接好的 LED 電線，用烙鐵將紅線接到開關的一腳。開關的另一腳則焊接 6 公分電線。

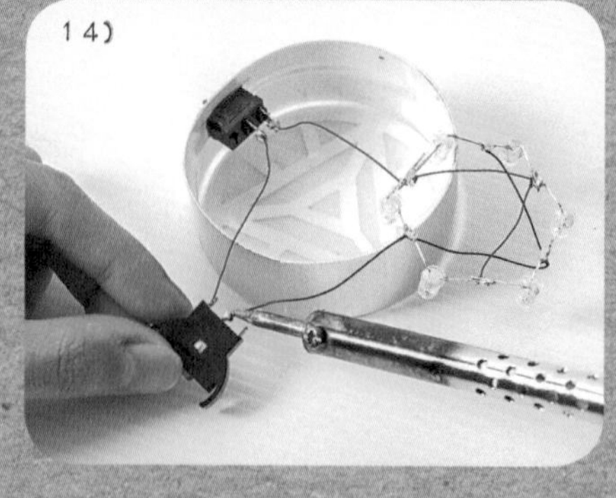

將 LED 電線的黑線，焊接到電池盒的負極。同時也將開關的另一腳，與電池盒的正極焊接在一起。

用雙面膠將圓形的黑色泡棉，由上往下黏在圓形的銀色卡紙背面。

電池裝入電池盒內，再用美術黏土將電池盒黏在圓形的黑色泡棉上面。

用絕緣膠帶把開關的金屬接腳貼住，防止短路現象。

先把 LED 燈塞進圓蓋內，再整個蓋住電池盒與黑色泡棉上。

把底座卡上去，就大功告成！

打開開關，整個圓盒內部亮起來，反應爐正式運作嘍！

創意改造

使用寶特瓶當作骨架，可以增加外殼的強度與彈性，防止在按開關時把開關直接戳進去或是造成外殼變形，而且寶特瓶的大小差不多是適合小朋友尺寸的反應爐，也能隨手做環保。

燈罩的地方使用霧面塑膠片，就是為了要勻光。LED 的亮度很高，所以只用一層霧面塑膠片可能不太夠，還要在內側加上勻光效果更好的描圖紙，如果有薄的白色泡棉片也是不錯的選擇。

有了反應爐就可以扮演鋼鐵人，但如果每個人的反應爐都長得一樣，也太無趣了。想製作出自己獨一無二的反應爐，可以從修改設計圖著手：拿出一張白紙，描下寶特瓶的圓形，在裡面再畫一個圓，讓設計圖上留下一個大概寬 0.7 公分的外框後，小朋友可以在這個小圓內設計圖案，再墊到銀色卡紙上切割下來，這樣就可以做出一個專屬於自己的方舟反應爐。要注意設計圖案時，線條不要太細，不然會很難雕刻圖案喔！

創造樂趣

角色扮演遊戲向來是小朋友的最愛，像拯救地球這麼大的任務，一定要好好的策畫才行，號召同學們一起來進行異能大戰。

把反應爐穿個洞，綁上繩子，掛在胸前，變身成鋼鐵人。鋼鐵人一號、二號、三號聽命，召集旗下所有異能者前往神盾局開會，並與神盾局的精銳部隊分工合作，探查、圍城、作戰、後援都要面面俱到。快拿起你的最佳武器，一起對抗邪惡勢力吧！

PART4

《大人的科學》改造篇

3D 極光龍捲風火箭喇叭

奉茶童子變裝秀

掃地機器人孵蛋器

TOY # 18

《大人的科學》變身！
3D極光龍捲風火箭喇叭

QR親子一起動手做，
在家就能開Maker Party！

乘著火箭，我要飛上月球，
想去嫦娥姐姐的廣寒宮作客，
陪玉兔在花園裡種種花，
還要數數吳剛到底砍了多少樹！

Maker 想什麼⋯⋯

當初在看到《大人的科學：極光龍捲風》的時候，覺得這個能製造出小型龍捲風，還搭配燈光效果的東西非常有趣。不過，這個極光龍捲風原本最主要的功用是增加空氣中的濕氣，而這項功能在台灣好像不太能發揮，於是我就想看看能不能再增加其他新功能，剛好手邊有個藍芽小喇叭，就運用來做成火箭造型的極光龍捲風喇叭吧！

難 易 度｜★☆☆
製作年段｜三年級以上
所需時間｜ 1 小時
科學原理｜水的變化原理與應用
聲音的原理與應用

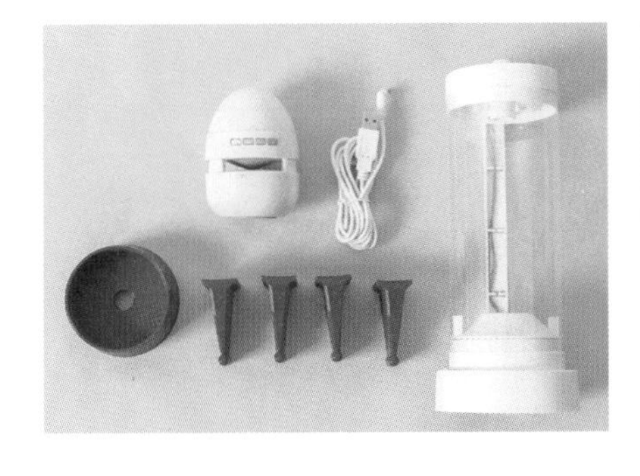

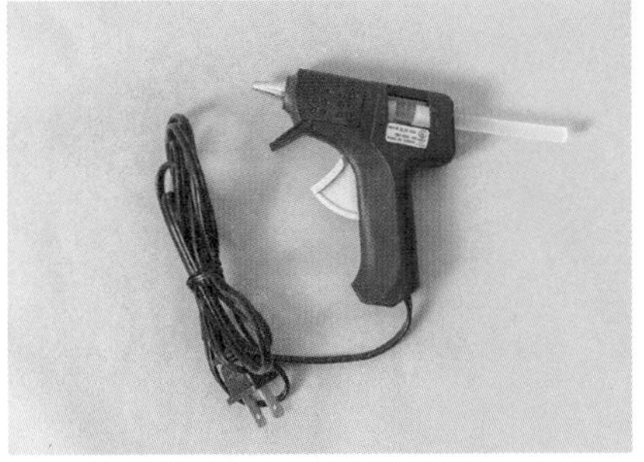

所需材料｜
《大人的科學》極光龍捲風　1 套
3D 列印火箭機翼和頂蓋　1 組
市售藍芽小喇叭　1 個

所需工具｜
熱熔槍和熱熔膠條

《大人的科學：極光龍捲風》
只要加入一點水，運用超音波震盪器，將水分震盪成水霧，再透過氣流擾動，瞬間就能產生迷你龍捲風，透過氣孔的調整改變，還可以製作出六種不同的龍捲風型態。
作者：大人的科學編輯部
譯者：高詹燦、賴庭筠、黃正由、李建銓、黃薇嬪
出版：親子天下

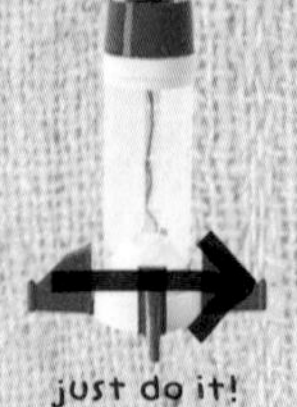

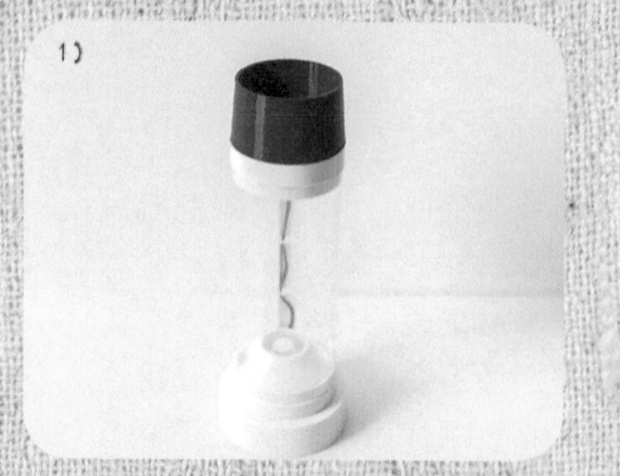

把 3D 列印的頂部組件，放置在極光龍捲風的上方。

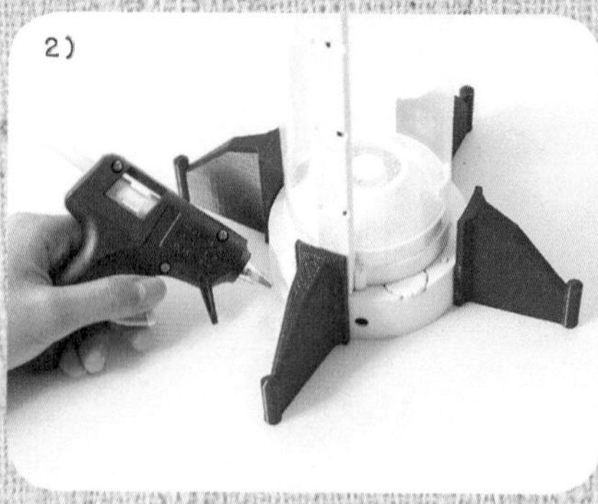

用熱熔膠槍將 4 片機翼，平均黏在龍捲風圓筒的側邊，黏的時候須避開後方的插線孔。

把藍芽小喇叭放到最頂部當火箭頭。

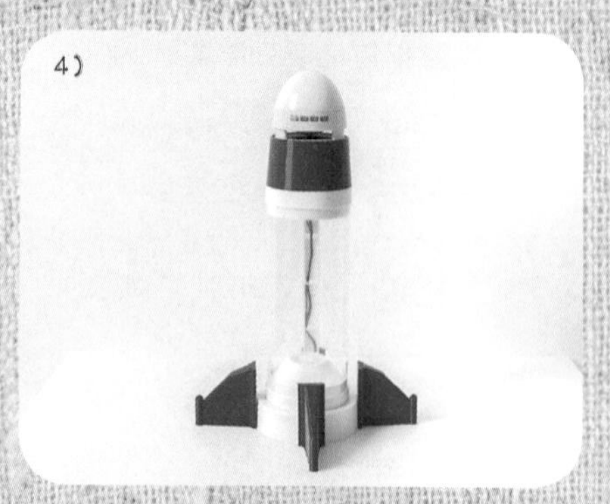

大功告成！接上變壓器就可以用喇叭來聽廣播或聽音樂。

極光龍捲風本機就是附帶有藍、綠、紅三色的 LED 燈，可隨時變換美麗的燈光效果。

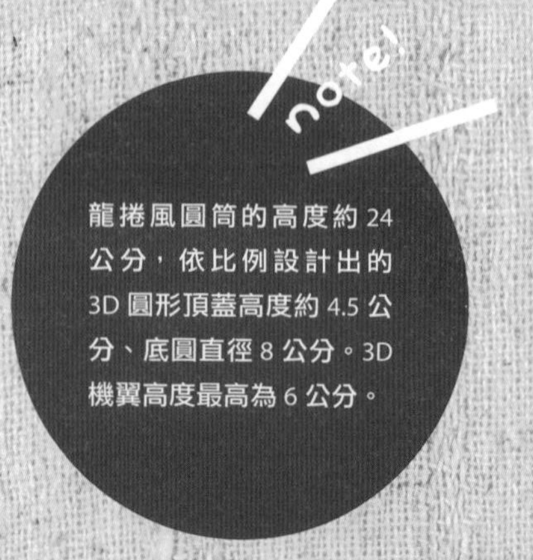

龍捲風圓筒的高度約 24 公分，依比例設計出的 3D 圓形頂蓋高度約 4.5 公分、底圓直徑 8 公分。3D 機翼高度最高為 6 公分。

創意改造

藍芽喇叭和加濕器，乍看之下是兩個完全不相干的東西，但透過 3D 列印零件的搭配，就組合成了一樣全新的玩具，音樂和龍捲風燈光也能各自好好的發揮作用。在日常生活中，有很多東西一合體就會變成創新品，例如這款極光龍捲風火箭，改放個盆栽就是美麗的觀賞品了。

你還想將極光龍捲風改造成什麼樣子呢？改造成大樓、飛機或是火箭砲呢？只要細心留意生活周遭的事物，你會發現許多全新的創意巧思盡在不言中喔！一起來設計自己專屬的極光龍捲風吧！

創造樂趣

同時具有加濕器及 LED 夜燈功能的極光龍捲風，不但是科學與生活的完美結合，也是極佳的居家擺設品。邀請好朋友到家裡作客，打開龍捲風音響來聽音樂，或是點起龍捲風桌燈來製造氣氛，都是生活裡有意思的小情趣喔！

TOY # 19

《大人的科學》變身！

奉茶童子變裝秀

「貓咪太郎，我帶你去龍宮玩！」
哇，看！有比目魚在跳舞耶！
還可隨意吃海鮮吃到飽，
這麼好玩，下次再帶妹妹一起來！

Maker 想什麼……

「奉茶」在日本古代是指一個工作，換到現在來說，就是女僕或服務生。如果要為奉茶童子改變造型的話，變成女僕或服務生好像很常見，所以我想要多加個坐騎，靈光一閃的就想到浦島太郎騎著烏龜去龍宮的畫面，而且我也很喜歡貓咪，因此決定就讓貓咪去龍宮玩好了！

難易度｜★★☆　　**所需時間｜2 小時**

製作年段｜四年級以上　　**科學原理｜簡單的機械原理與應用**

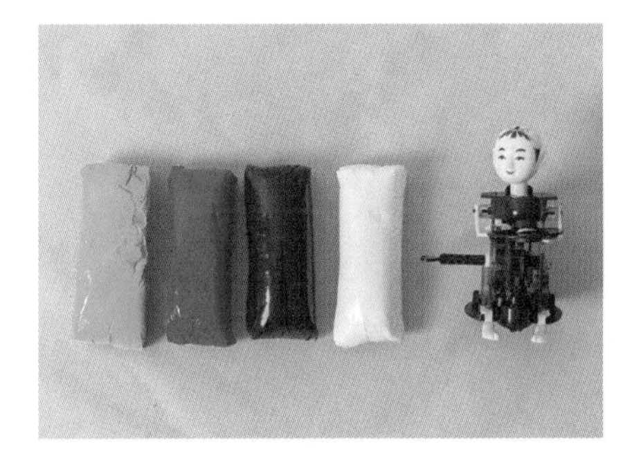

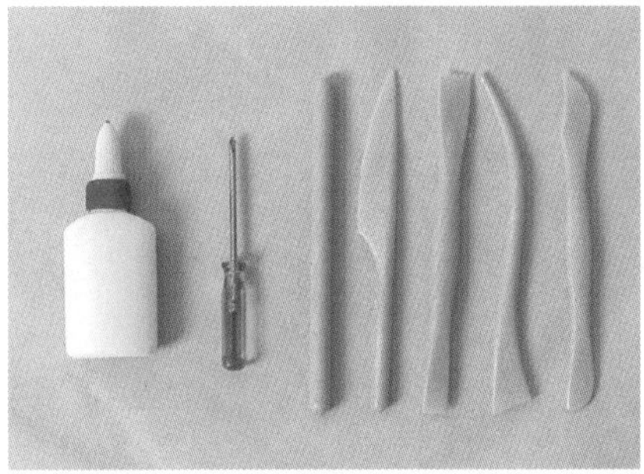

所需材料｜

《大人的科學》迷你奉茶童子 1 套

各色輕黏土

所需工具｜

黏土工具

螺絲起子

白膠

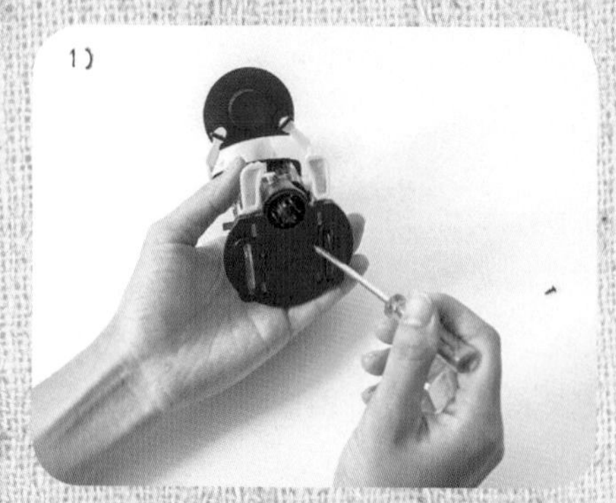

用螺絲起子將奉茶童子底座的螺絲取下，拆解機件。

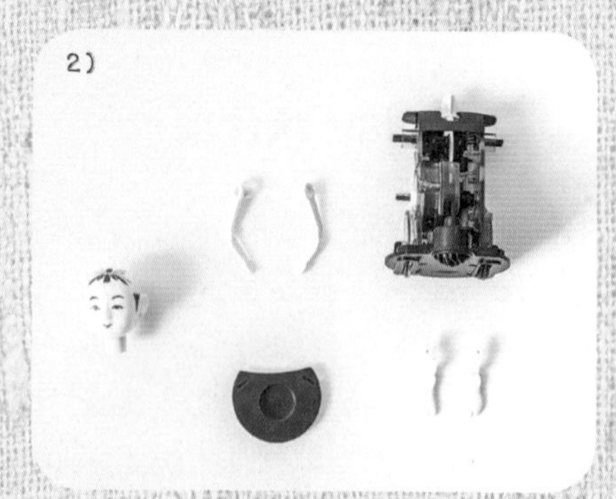

把奉茶童子的手腳、盤子、頭部拆下。兩隻腳先擺一旁不使用。

用輕黏土包覆頭部做出造型，將頭部做成雙色的貓咪造型。

用輕黏土包覆手部做出袖子，但要將手掌與關節部分露出來，因為最後還要插回盤子裡。

用輕黏土將身體包覆做出衣服。如果直接捏太難定型的話，可以用一張紙先把身體包起來，再蓋上輕黏土來捏。

在身體部位，用輕黏土再加上腳和坐騎海龜。

7)

用輕黏土做出小點心，放到碗裡。

8)

把雙手和頭部，組合進身體裡。把盤子插回去，再放上點心，大功告成！

創意改造

奉茶童子除了可以乘著烏龜去龍宮，還可以騎什麼呢？魟魚、虎鯊、海星、藍鯨……邀請朋友們一起來改造奉茶童子，想為童子改變身份或是加上任何配件掛飾都可以喔！

創造樂趣

聽說，小龍女的成年禮要舉辦一場盛大舞會，受邀參加觀禮的嘉賓，只要能贏得最佳造型獎的人，就有機會拿走最大獎項神秘珠寶箱。快快乘坐自己喜歡的坐騎，到深海龍宮城進行海底之旅，有吃又有得拿的好康怎能錯過！

TOY # 20

《大人的科學》變身！

掃地機器人孵蛋器

為了讓抓寶進度超越哥哥，
我決定偷偷使用移動式孵蛋器，
嘻嘻，根本不用去什麼特定地點找，
這樣圖鑑蒐集的進度一定會比哥哥快！

Maker 想什麼……

玩過寶可夢（Pokémon GO）遊戲嗎？除了千奇百怪的抓寶路徑之外，遊戲中的孵蛋功能也是很妙的設計，只有達到足夠的公里數，蛋才會孵出來。不過，有時候只想待在家裡，卻又希望能繼續孵蛋的話，怎麼辦呢？鏘鏘～為何不做出一個實體孵蛋器？這樣就可以代替我走來走去呢！因此我利用《大人的科學：桌上型掃地機器人》這一套好玩的動手做實物組裝配件，稍加改造一番，就可以幫忙孵蛋嘍！

難易度｜★★★　　**所需時間｜3 小時**

製作年段｜四年級以上　　**科學原理｜簡單的機械原理與應用**

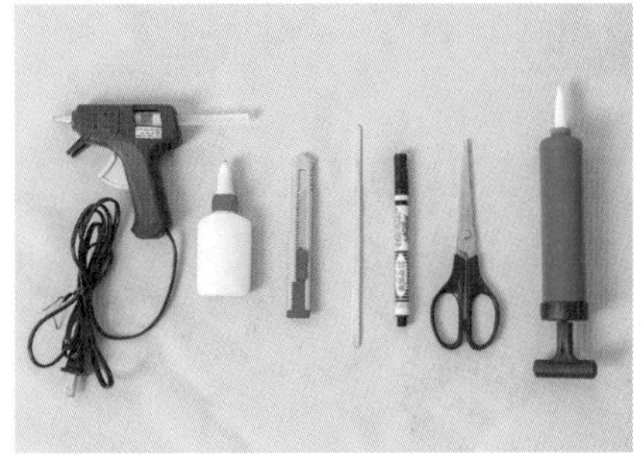

所需材料｜

《大人的科學》桌上型掃地機器人 1 套

牛皮紙（或是白報紙、廣告單、舊報紙）

顏料（顏色不拘）　冰棒棍 10 支

小氣球 1 個　厚紙板 2 片

紙杯　2 個　紙絲

所需工具｜

熱熔槍和熱熔膠條

白膠　剪刀

美工刀　打氣筒

攪拌棒　奇異筆

《大人的科學：桌上型掃地機器人》

書中根據齒輪的應用原理，設計三個有趣的科學實驗，國小到高中不同年段的孩子，都能從中獲得動手做的樂趣，玩出大創意！

作者：大人的科學編輯部

譯者：賴庭筠、高詹燦

出版：親子天下

用打氣筒先把氣球充氣，氣球的大小要比掃地機器人的圓盤再小一點，但是看起來手機要放得進去。

拿出紙杯裝白膠，加一點水讓白膠變得稀一點，然後塗抹在氣球表面。

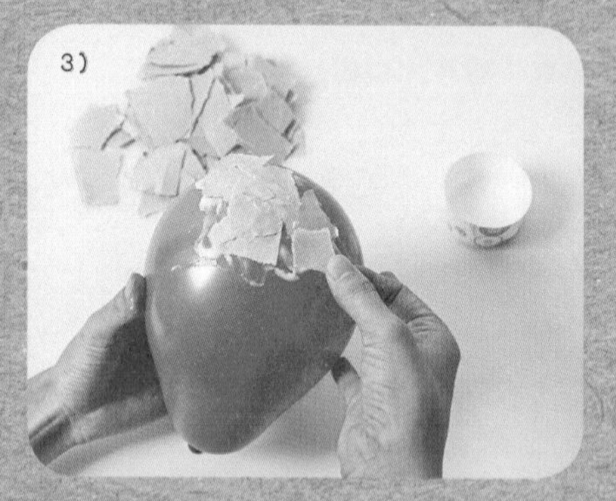

將紙撕碎，貼在塗了白膠的氣球表面，直到整顆球都貼滿了紙。將紙片撕小塊一點，才容易貼得平整。

將貼滿一層碎紙的氣球，再平均塗一層白膠並稍微晾乾，再繼續塗白膠、貼碎紙的動作，直到外殼變硬。

如圖示，在蛋殼上面畫出手機大小的切割線，並用美工刀割開。切割範圍需涵蓋到氣球打結的蒂頭。

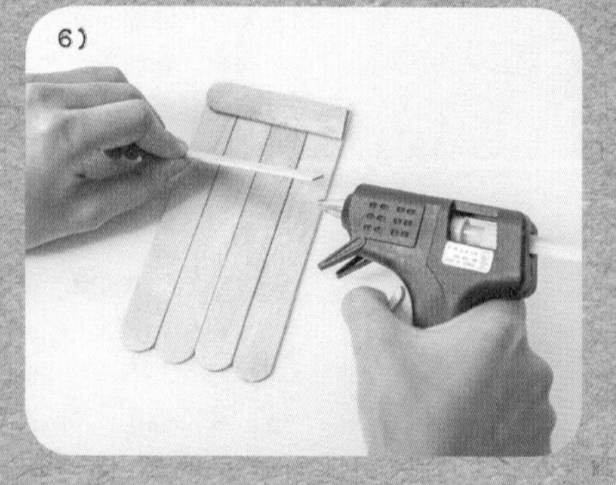

將 4 支冰棒棍並排，用剪刀修剪一邊為全平，再取 1 支冰棒棍對剪成 2 小截，黏好固定，做為手機架背板。

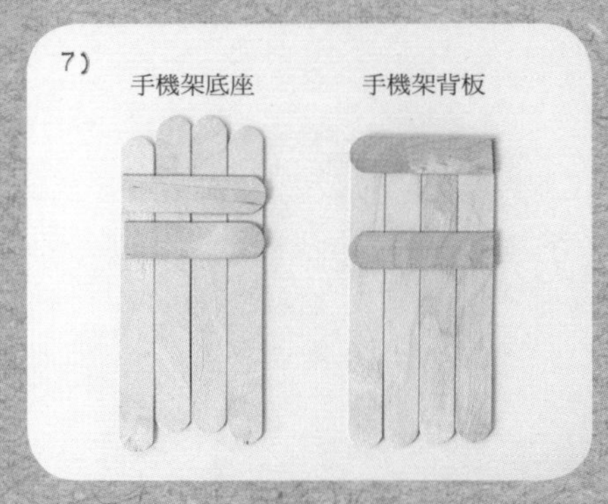

再將 4 支冰棒棍以小弧度並排，另取 1 支冰棒棍對剪成 2 小截，黏好固定（圖左），做為手機架底座。

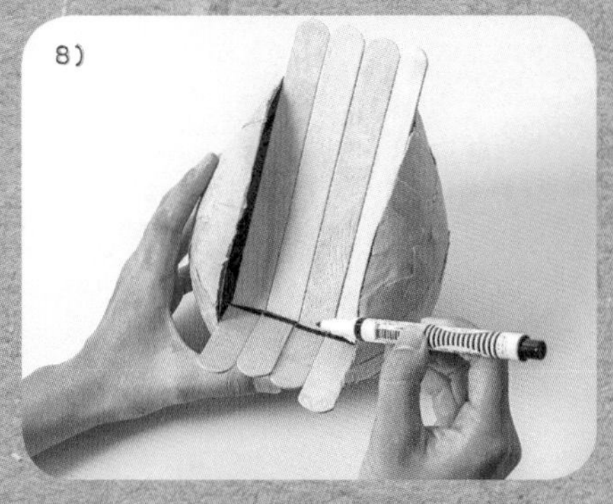

將兩片木板放到氣球口，先調整好位子，並在連接處用筆做記號。

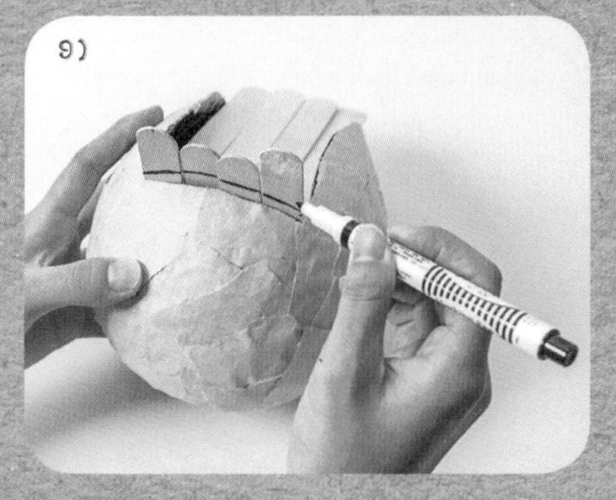

底座要剪裁木板片多出來的部分，預留 0.5 ～ 1 公分的距離。直立式的木背板則齊邊剪裁。

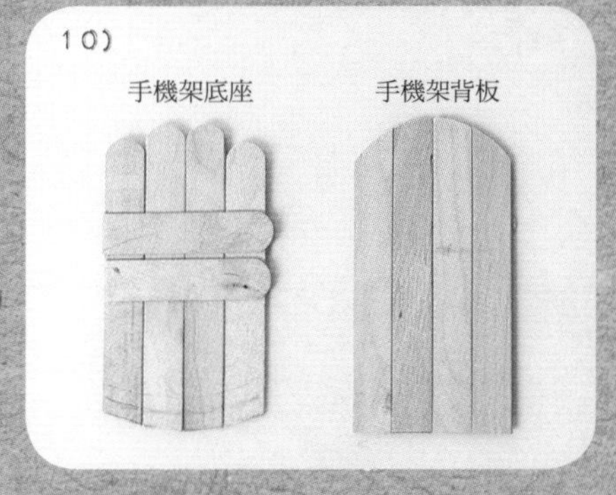

剪好的木板如圖示，左邊是底座木片，右邊是背板木片。

把底座木片放進蛋殼內，用熱熔膠槍先黏牢固定。

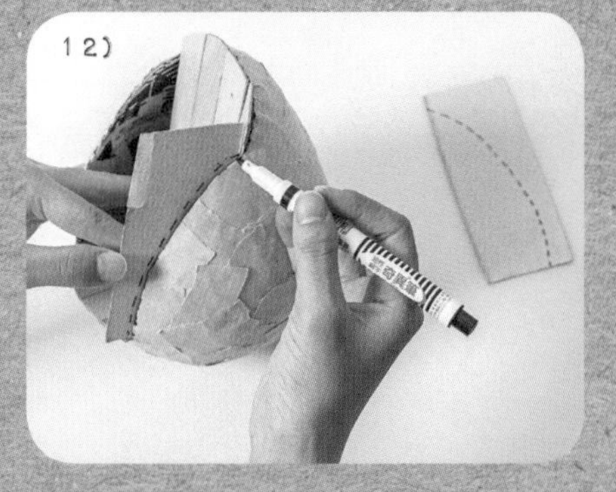

取出 2 張厚紙板，擋住蛋殼的兩側，用筆在外側齊邊描下形狀。

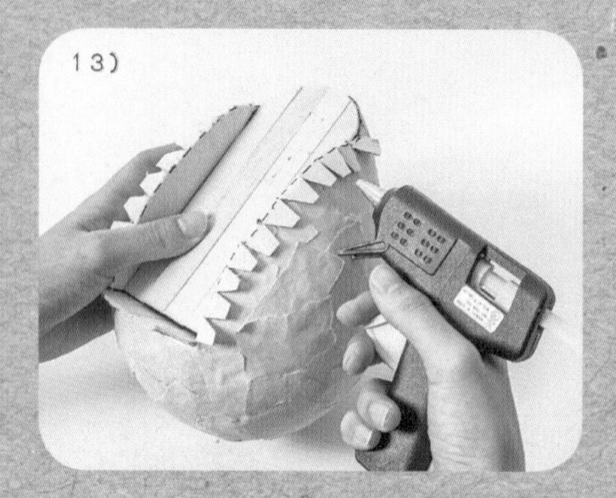

將描繪好的紙板如圖所示，剪出放射狀的黏貼線條，再用熱熔膠槍將紙黏在蛋殼邊緣。

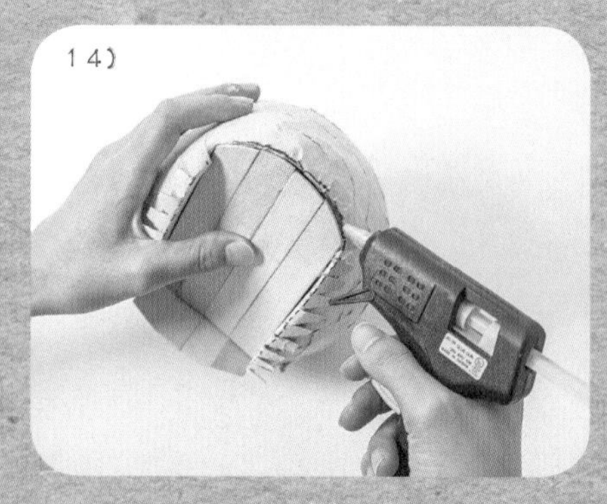

在蛋殼上緣，用熱熔膠槍將背板木片與蛋殼的縫隙黏緊。

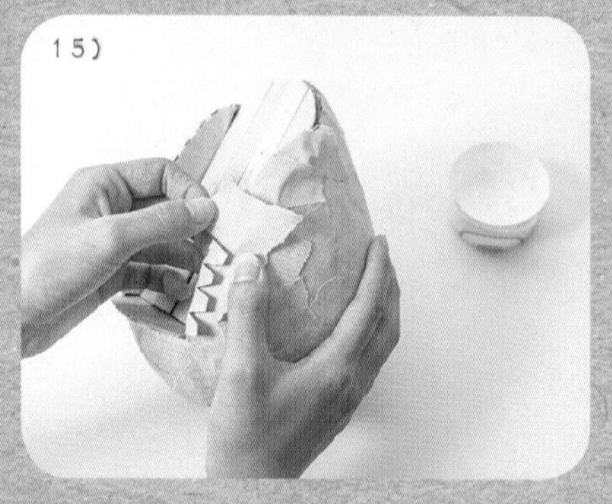

在蛋殼兩邊塗上白膠，並黏貼碎紙片，以遮蓋連接處。

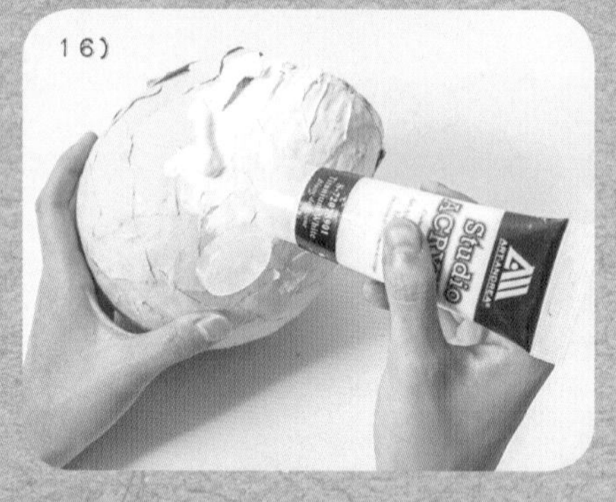

用白色顏料塗抹在蛋殼表面，遮蓋底部的碎紙，並順便進行蛋殼的彩繪動作。

將紙杯剪到剩下約 1 公分的高度。

將紙絲整理成鳥巢的樣子，用熱熔膠槍將鳥巢黏在紙杯上面。多餘的鬚鬚可以修剪掉。

剪裁一個比掃地機器人圓盤還小一些的圓形紙板。

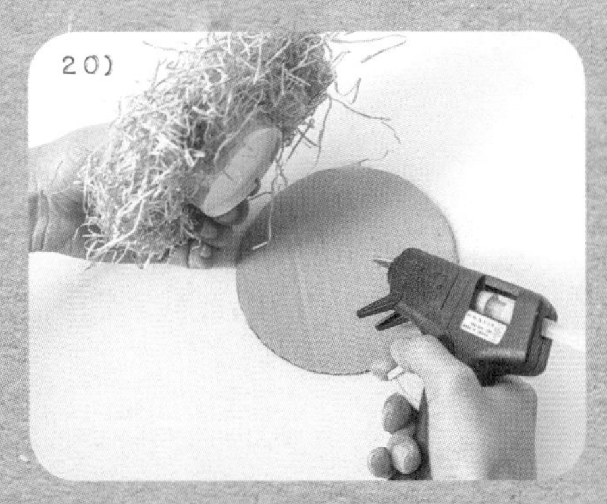

用熱熔膠槍將步驟 ⑱ 完成的鳥巢，黏在圓形紙板上。

在鳥巢中間塗熱熔膠，將彩繪好的蛋殼黏在鳥巢上。

用熱熔膠槍將整個鳥巢一起固定到掃地機器人圓盤上。

大功告成！

放上手機，開啟掃地機器人的開關，就可以開始孵蛋了！

創意改造

掃地機器人基本上是用它前方看起來像下巴的地方，來判斷要不要轉彎，所以在製作孵蛋器時，不要讓上面的鳥巢等裝飾超過感應區。如果裝飾物過於突出的話，會造成感應器碰不到障礙物，使得掃地機器人無法正常改變方向。

若想要孵蛋器的外觀更加符合遊戲設定，可以使用塑膠透明片（賽璐璐片）捲成圓筒，再用銀色卡紙製作上蓋和下蓋就完成了！如果擔心耗電問題，只要在掃地機器人與孵蛋器手機座之間，多設置一個空間放行動電源，就沒有問題了！

創造樂趣

圍出一個大約 3x3 公尺大小的範圍，讓會孵蛋的掃地機器人在裡面走，不但可以清潔圈住範圍內的地板，還可以幫你孵出神奇寶貝，而你就只要輕鬆愉快的在家享受悠閒下午茶，或是睡個午覺、玩個電腦、看看書。

但要注意一點，在室內有些地方會收不到 GPS 訊號，如果在 GPS 訊號不良的環境下使用，這台孵蛋機就無法發揮功能。

附錄

本書使用工具及材料一覽表

工具

可在文具店找到：

美工刀
剪刀
尺
切割墊
熱熔膠槍與膠條
雙面膠
透明膠帶
黏土工具
水彩筆或刷子
打氣筒
彩色奇異筆
保麗龍切割器
白膠

可在生活百貨、雜貨店找到：

錐子
砂紙
尖嘴鉗
斜口鉗
絕緣膠帶
螺絲起子
烙鐵
銲錫
銼刀
紙杯

材料

可在文具店找到：

壓克力顏料
小氣球
彈珠
輕黏土／超輕土
萬能美術黏土
橡皮筋
彩色火柴棒
冰棒棍
紙絲
棉花
白色棉線
賽璐璐片（透明塑膠片）
瓦楞紙板
灰紙板
銀色卡紙
霧面塑膠片

珍珠板　　保麗龍球
保麗龍板　　鋁線（或鐵線／鉛線）

可在美術社或泡棉材料行找到：

泡棉管　　泡棉片

可在生活百貨、雜貨店找到：

腳踏車氣嘴燈　　透明粗吸管
可彎吸管　　長竹籤
餐巾紙捲筒　　寶特瓶
瓶蓋　　紙盒
長度約 40 公分的泡泡棒　　四驅車輪子
藍芽喇叭

家裡有的回收材料：

報紙
白色布料（可從家中不要的衣物剪下）

可在電子材料行找到：（例如：台北的光華商場）

開關　　銀絲線
立式 CR2032 水銀電池盒　　CR2032 水銀電池
1/8W 30 歐姆電阻　　34 號漆包線
3V 蜂鳴器　　高亮度 5mm LED
3 號 2P 電池盒　　4 號 2P 電池盒
3 號電池　　4 號電池
馬達　　風扇
單芯線

家庭與生活 BKEEF035P

科學玩具自造王

20種培養創造力、思考力與設計力的超有趣玩具自製提案

作者／金克杰
責任編輯／廖薇真
攝影／JOHNYU
內頁版型／三人制創
內頁編排／連紫吟、曹任華
封面設計／三人制創
玩具製作協力／KiM Lab玩具實驗室
特約玩具製作協力／王應凱
行銷企劃／林育菁

發行人／殷允芃
創辦人兼執行長／何琦瑜
副總經理／游玉雪
總監／李佩芬
副 總 監／陳珮雯、盧宜穗
資深企劃編輯／楊逸竹
企劃編輯／林胤孝、蔡川惠
版權專員／黃微真

出版者／親子天下股份有限公司
地址／台北市104建國北路一段96號11樓
電話／（02）2509-2800　傳真／（02）2509-2462
網址／www.parenting.com.tw
讀者服務專線／（02）2662-0332
週一～週五：09:00~17:30
讀者服務傳真／（02）2662-6048
客服信箱／bill@service.cw.com.tw
法律顧問／瀛睿兩岸暨創新顧問公司
總經銷／大和圖書有限公司 電話：（02）8990-2588
出版日期／2016年12月第一版第一次印行
2019年11月第一版第十二次印行
定　價／399元
書　號／BKEEF035P
ISBN／978-986-93719-4-0（平裝）

國家圖書館出版品預行編目(CIP)資料

科學玩具自造王：20種培養創造力、思考力與設計力的超有趣玩具自製提案 / 金克杰著 /
第一版. -- 臺北市 : 親子天下, 2016.12
192面 ; 17X21公分. -- (家庭與生活 ; 35)
ISBN 978-986-93719-4-0 (平裝)

1.玩具 2.手工藝
426.78　　105019735

感謝場地提供：CIT台北創新中心

由 Plan b 建立與營運的 CIT (Center for Innovation Taipei) 提供創新型態的辦公空間，透過誘發每一位參與者好奇心的機制，讓不同領域的工具者在衝突性交流下找到永續發展的目標。
http://www.cit.tw